KB123079

작지만 세계적인 강

미호강의 생명 이야기

이 책에는 충북지역특화콘텐츠 개발사업의 일환으로 만든 **'작지만 세계적인 미호강'**의 동영상 QR코드가 실려 있습니다. 책에 삽입된 QR코드를 클릭하면 해당 내용과 관련된 동영상을 함께 시청할 수 있습니다.

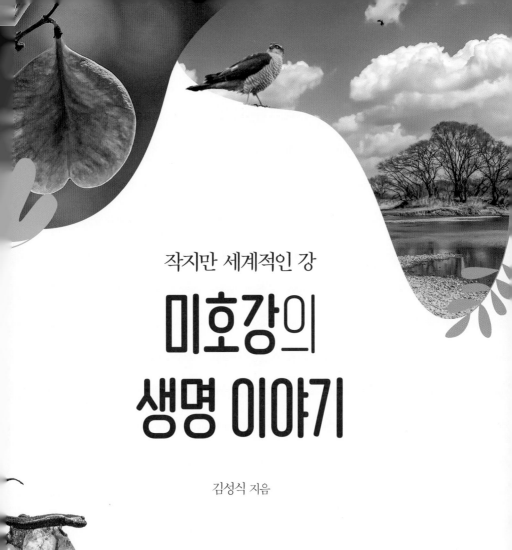

작지만 세계적인 강

미호강의
생명 이야기

김성식 지음

구름서재

2022년 6월 23일 국가수자원관리위원회는 중요 사안을 심의했습니다. 국가하천 미호천을 미호강으로 명칭 변경하는 안을 통과시킨 것입니다. 이에 따라 환경부는 7월 7일 심의 내용을 관보에 게재했고, 충북도민은 쌍수를 들어 환영했습니다. 환경부가 명칭 변경을 확정한 이유는 무엇보다도 미호강의 역사성과 지리적 대표성을 인정했기 때문입니다. 또 지역사회 의견을 충분히 반영한 결과였습니다.

미호강은 충북 중부권역을 대표하는 하천입니다. 하천의 길이(유로연장)는 국가하천 상위 25개 중 20번째로 그리 긴 편이 아닙니다. 오히려 상대적으로 짧은 편에 속합니다. 그럼에도 예부터 동진강, 미곶강, 북강, 서강 등 '강'으로 불려왔음을 역사문헌을 통해 알 수 있습니다. 1970~80년대 청주·청원지역에서는 미호천을 황탄(리)강이라고도 불렀습니다. 이제 국가가 인정한 어엿한 미호강 시대를 맞았습니다.

다시금 돌아보건대 미호강은 역사, 문화, 생명이 깃든 '작지만 큰 강'입니다.

미호강은 세계 최고(最古)의 볍씨와 금속활자본을 낳은 인류문화의 메카입니다. 옥산 소로리 볍씨 유적이 미호강변에 위치하고 직지가 탄생한 청주 흥덕사지가 미호강 지류인 무심천 품안에 있습니다.

미호강은 또 생명의 보고입니다. 흰꼬리수리, 독수리 등 각종 국제 보호조류가 찾아들고 미호종개와 미선나무 자생지가 가장 먼저 발견 된 곳입니다. 한반도 텃황새(텃새로서의 황새)가 살았던 황새의 원고향 이기도 합니다. 미호강 수계에는 어림잡아 천연기념물 22건, 멸종위기 야생생물 25종, 산림청 희귀식물 17종이 서식·분포합니다. 특히 금강 수계의 천연기념물 46건 중 절반가량이 미호강 수계에서 서식 또는 자생하고 있거나 관찰됩니다.

보호종만이 중요하다는 건 아닙니다. 최소한 이들 보호종은 미호강 의 자연생태를 대변하는 주요 생물 종으로서 미호강의 생태적 가치 와 현주소를 가늠할 수 있는 중요한 잣대란 점을 강조합니다. 또 미호 강은 한국을 찾는 황오리의 절반 이상이 찾아와 겨울을 나는 '황오 리의 강'으로 널리 알려져 있습니다. 이런 점들이 모두 미호강을 가히 세계적인 강이라고 부르는 이유입니다.

그간 미호강 220리 물길(89.2km)을 여러 차례 오가면서 한 가지 절실함을 느꼈습니다. 강으로의 명칭 변경과 충북도의 대대적인 프로젝트 추진 등 역사적인 전기를 맞아 미호강은 이제 그에 합당한 대우를 받아야 한다는 생각입니다. 이름뿐인 국가하천 미호강이 아니라, 명실공히 지역을 대표하는 하천으로서 지역민이 진정으로 사랑하고 보듬어주는 하천으로 거듭나길 진심으로 기대합니다.

강은 그 지역의 얼굴이라고 했습니다. 지역의 얼굴인 미호강을 지역민 스스로 대우하는 일은 당연한 일입니다.

이 콘텐츠는 한 권의 책이라기보다 미호강의 환경 생태적인 특성을 나름대로 생각해 보고 그 안에 깃들어 사는 생명들을 소개한 안내서에 가깝습니다. 또 이런 시각으로 미호강을 바라볼 수도 있고, 그 안의 생명들을 들여다볼 수 있다는 일종의 제안서이기도 합니다. 그러기에 저자가 아닌 기록자 또는 알림이로서 소명을 다하려고 나름대로 노력했습니다.

이 콘텐츠를 계기로 미호강에 좀 더 가까이 다가가겠다는 스스로의 약속도 해봅니다. 미호강에 관해 좀 더 많이 알고 싶어하는 분들에게 조금이나마 도움이 되었으면 하는 바람입니다.

또 하나의 희망이 있다면 미호강에 현재 살고 있는 여러 생명붙이들의 무사안녕입니다. 특히 백척간두에 놓여있는 미호종개와 흰수마자 같은 멸종위기 야생생물들이 더 이상 '추억의 생물목록'에 오르는 일이 없기를 간절히 기원합니다.

콘텐츠와 관련해 부족함이 많음을 너그럽게 헤아려 주시길 당부드립니다. 이번 콘텐츠 개발과제의 자문위원으로 활동해 주신 손영목(어류), 홍영표(어류), 이상명(수생식물), 김현숙(육상식물), 문광연(양서파충류), 조해진(조류), 김인규(포유류) 전문가분들께 깊은 감사의 말씀 올립니다. 여러분께서 자문하고 제시해 주신 고견을 최대한 반영하려고 노력했습니다.

물심양면으로 처음부터 끝까지 적극 지원해 주신 (주)한신정보기술 박정식 대표와 직원들에게도 진심으로 고맙다는 말씀 전합니다. 그리고 구름서재출판사 박찬규 대표께도 머리 숙여 인사 올립니다.

2022년 11월
미호강 알림이 김성식

제1장

생명과 인류문화를
함께 품은 미호강

1980~90년대 미호강이 인류문화의 발상지임을 입증하는 중요한 유적 두 곳이 잇따라 발굴되며
미호강은 세계적인 강의 반열에 오르게 되었습니다. 1985년에 발굴된 청주 흥덕사지 유적은 미
호강의 지류인 무심천 인근 흥덕사지가 현존 세계 최고의 금속활자본이 탄생한 곳임을 전 세계에
알리는 계기가 되었습니다. 이어서 1998년 여러 차례의 조사가 이루어진 청주 소로리 구석기 유
적에서는 세계에서 가장 오래된 1만7천 년 전의 볍씨가 발견되어 청주와 미호강 일대가 일약 세
계 벼 및 벼 재배 문화의 기원지이자 인류 생명 문화의 메카로 떠오르게 되었습니다.

미호강은 왜 인류문화의 발상지인가

    미호강은 충청북도 음성 마이산(472m)에서 발원해 음성군, 진천군, 증평군, 청주시를 지나 세종시 관내에서 금강으로 흘러드는 금강 제1지류입니다. 물줄기 자체는 총길이 89.2km, 유역면적 1,860.9km²로 다른 강에 비해 작은 편이지만, 이러한 미호강을 세계적인 강으로 부르는 이유가 있습니다. 아전인수격의 과한 호칭이 아니라 그럴 만한 합당한 이유가 있는 것입니다.

미호강이 인류문화의 발상지임을 뒷받침하는 두 주역. 왼쪽은 현존 세계 최고의 금속활자본인 직지 하권(사진 출처 : 청주시청), 오른쪽은 세계에서 가장 오래된 청주 소로리 볍씨(사진 출처 : 충북대학교 박물관).

　그 합당한 이유 중 하나는 '미호강은 인류문화의 발상지'라는 데 있습니다. 1980~90년대 미호강이 인류문화의 발상지임을 입증하는 중요한 유적 두 곳이 잇따라 발굴돼 그 진가를 인정받으면서 미호강 은 이미 세계적인 강의 반열에 올라 있습니다.

　먼저 1985년에 발굴된 청주 흥덕사지 유적은 미호강의 지류인 무심천 인근 흥덕사지가 현존 세계 최고의 금속활자본이 탄생한 곳임을 전 세계 에 알리는 계기가 되었습니다. 이는 미호강이 품고 있는 청주 흥덕사지 가 '세계 인쇄문화의 발상지'임을 뒷받침하는 것이어서 의미가 큽니다.

　이어서 1997년 11월부터 1998년 4월 15일까지 6개월간의 발굴조사 등 여러 차례의 조사가 이루어진 청주 소로리 구석기 유적에서는 세계에서 가장 오래된 1만7천 년 전의 볍씨가 발견되어 청주와 미호강 일대가 일약 세계 벼 및 벼 재배 문화의 기원지이자 인류 생명 문화의 메카로 인식되는 전환점이 되었습니다.

세계 인쇄문화가 싹튼 곳

    1984년 11월 충북 청주시 운천동의 야산인 양병산 동남쪽 사면에서는 훗날 충청북도 청주의 위상을 세계에 떨치게 될 매우 중요한 발굴조사가 시작되었습니다. 그해 12월부터 진행되는 한국토지공사의 운천 지구 택지개발사업에 앞서 충청북도가 사업부지 내 운천동 절터에 관한 발굴의 필요성을 인정하고 청주대학교 박물관에 의뢰해 발굴조사를 진행하도록 한 것입니다.

    청주시 운천동 일대는 미호강 지류 무심천과 가까운 곳으로, 오래전부터 많은 불교 유물들이 발견되고 옛 절터도 있었으나 문헌에 나타나지 않는다는 이유로 지표조사조차 이뤄지지 않고 있었습니다. 조사에 들어간 청주대 박물관은 운천동 절터 인근에서 화강암으로

충청북도 청주 흥덕사지에 복원된 흥덕사 연당의 치미 부분(화살표). 흥덕사지 발굴조사 초기에 치미 조각이 발굴돼 이곳이 절터(사지)임을 암시했습니다.

된 초석 3기와 고려 시대의 것으로 추정되는 치미편(치미는 고대의 목
조건축에서 용마루의 양 끝에 높게 부착하던 장식기와를 의미하며 이 조사
초기에 치미 조각이 발견돼 이곳이 절터일 가능성을 높였다)과 기와 조각을
수습하는 등 전혀 알려지지 않았던 새로운 옛 절터를 찾아냈습니다.
이어 청주대 박물관팀은 1985년 10월 미호강과 충북 청주의 역사를
바꿔놓은 엄청난 유물을 찾아냈습니다. 새로 찾은 절터의 동쪽에서
굴삭기에 찍혀 훼손된 쇠북(청동금구)과 불발이라고 하는 커다란 그릇
뚜껑을 발견해 냈습니다. 이 두 유물은 모두 절에서 사용하는 불기들
입니다.

쇠북에는 '갑인오월일서원부흥덕사금구일좌(甲寅伍月日西原府興德
寺禁口臺座)'라는 명문이, 청동불발에는 '황통10년흥덕사(皇統十年興惠
寺)'라는 명문이 확인돼, 이 사지가 바로 고려 우왕 3년인 1377년에
'직지(直指)'를 인쇄한 흥덕사지임이 밝혀지게 되었습니다. 직지의 원
명칭인 '백운화상초록직지심체요절' 권하 말미에 씌어 있는 '청주목
흥덕사지'의 실체와 위치가 처음으로 확인된 것입니다.

미호강과 청주의 역사를 바꾼 청주 흥
덕사지 출토 쇠북(청동금구). 이 쇠북의
옆면에 '서원부 흥덕사'란 명문이 새겨
져 있습니다.(국립청주박물관)

백운화상초록직지심체요절(직지) 권하 말미의 '청주목 흥덕사지' 부분(줄친 부분)

　직지는 현존하는 세계에서 가장 오래된 금속활자본이자 유네스코 세계기록유산으로서, 독일의 금속활자 인쇄본인 구텐베르크 성서보다 78년 먼저 간행되었습니다. 이에 따라 당시 문화공보부는 청주 흥덕사지 일원에 대한 개발 중지와 함께 보존 지시를 내리는 한편 이듬해인 1986년 5월에는 문화재위원회의 의결을 거쳐 흥덕사지를 사적(史蹟) 315호로 지정 공고하기에 이르렀습니다. 청주시는 1987년부터 5년에 걸쳐 흥덕사지를 복원 정비하고 인근에 청주고인쇄박물관을 세워, 운영하고 있습니다. 이로써 청주 흥덕사지는 명실공히 현존 세계 최고의 금속활자본 '직지'를 낳은 세계인쇄문화의 발상지로 우뚝 서게 되었습니다. 아울러 해당 지자체인 충청북도 청주시는 '직지의 고장'이라는 수식어가 자연스럽게 따라붙게 되었고, 흥덕사지를 품고 있는 무심천(미호강의 제1지류)과 미호강은 인쇄문화의 메카 혹은 요람이라는 수식어를 얻게 되었습니다.

충청북도 청주시 흥덕사지 인근에 건립된 청주고인쇄박물관 전경

청주고인쇄박물관 내부

청주고인쇄박물관이 복원한 직지 활자

세계 벼 문화가 태동한 곳

   미호강의 위상을 또 한차례 전 세계에 떨친 기념비적인 유적 조
사가 충청북도 청주시 옥산면 소로리 일원에서 이어졌습니다. 소로
리 유적은 여러 층위의 구석기 시대 유적으로 여러 차례에 걸쳐 조
사 연구가 진행되었습니다. 1994년 3월부터 6월까지 있었던 첫 지표
조사를 비롯해 1996년 12월부터 1997년 1월까지 실시된 시굴조사,
1997년 11월부터 1998년 4월까지 6개월간 진행된 발굴조사와 그 이
후에 있었던 2차 발굴조사 및 3차 시추조사에 이르는 일련의 조사가
그것입니다. 조사 결과 충북대학교 박물관팀이 1, 2차 발굴한 소로리
유적 A지구 토탄 II구역에서는 3개의 토탄층이 층서적으로 퇴적돼 있
음이 확인된 가운데 모두 127톨(고대 벼 18톨, 유사 벼 109톨)의 볍씨가

청주 소로리 구석기 유적에서 출토된 1
만7천 년 전의 고대 벼 모습(충청북도농
업기술원 농업과학관이 확대경을 통해 볼
수 있도록 전시)

검출돼 큰 관심을 끌었습니다.

검출된 볍씨 중 유사 벼가 고대 벼보다 6배나 많이 나타남으로써 당시 유사 벼가 우점종으로서 사람들의 주된 먹거리였을 것으로 추정되었습니다. 특히 괄목할 만한 조사 결과로는 소로리 볍씨의 연대가 지금까지로는 세계에서 가장 오래된 1만7천 년 전의 볍씨인 것으로 밝혀져 벼의 기원과 진화, 전파 등에 관한 중요한 단서를 제공하게 되었습니다. 아울러 소로리 볍씨의 크기와 너비를 분석해 도표를 만들어 본 결과 자포니카(JP)와 인디카(ID), 자바니카(JV)의 범주에 거의 포함되지 않는 것으로 확인되어 연구팀은 이 볍씨의 학명을 'Oryza sativa coreaca'로 부를 것을 제안했습니다. 이 학명에는 '청주 소로리에서 출토된 한국 고대벼'란 의미가 함축되어 있습니다. 'Oryza sativa coreaca(오리자 사티바 코레아카)', 미호강이 낳은 자랑스러운 이름입니다.

당시 조사 연구에서는 또 고대 벼에서 재배 벼의 특징과 수확한 흔

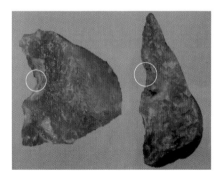

벼 낟알을 수확할 때 사용 흔적이 확인된 홈날연모(충북대학교 박물관)

적을 확인해 이 일대가 벼 재배 문화의 기원지임을 밝혀냈습니다. 재배 벼의 특징으로는 출토된 고대 벼의 소지경이 인위적으로 잘려있는 것을 확인했습니다. 수확한 흔적으로는 같은 소로리 유적에서 출토된 홈날연모(석기) 중 사용된 흔적이 있는 홈날연모가 있는데, 당시 미호강 사람들은 이 연모를 이용해 볍씨를 수확한 것으로 연구팀은 추정했습니다. 연구팀은 당시 사람들이 홈날연모 등을 이용해 벌였던 농사 과정을 순화단계(domestication)로 규정하고 순화단계 수준의 농사를 지은 고대 벼를 '순화벼(domesticated rice)'라고 불렀습니다.

미호강은 이처럼 오래 전부터 옛 한반도인들의 삶의 터전으로 기능해 오면서 벼 재배 문화의 꽃을 피웠던 것입니다. 이 같은 연구 결과는 지난 2002년 12월 당시 청원군과 충북대학교 박물관이 주관한 소로리 볍씨 국제회의의 성과에 힘입어 이듬해 영국 BBC뉴스와 프랑스 르몽드, 기타 인터넷뉴스 등에 '순화벼(domesticated rice)'로 소개돼 그 가치가 널리 알려진 바 있습니다. 2003년 BBC는 '세계에서 가장 오래된 벼가 발견되었다'라는 제목의 기사를 통해 "(한국의) 과학자들이 한반도 소로리에서 가장 오래된 순화벼를 발견했다"라고 알렸습니다. 특히 세계 고고학 개론서(2006년 개정판)는 쌀의 기원을 한국으로 명시해 그 성과를 높게 평가했습니다. 이렇듯 미호강 인근 청주 소

벼 낱알 꼭지(소지경. 원내)가 인위적으로 잘려진 소로리 고대 볍씨(충북대학교 박물관)

충청북도 청주시 흥덕구 옥산면 소로 2리 입구에 세워진 청주 소로리 볍씨 상징조형물

로리 유적에서 출토된 1만7천 년 전의 볍씨는 현재 세계에서 가장 오래된 볍씨로서 벼의 기원지, 나아가 벼 재배 문화의 태동지가 청주와 미호강임을 알려주는 소중한 유산으로 여겨지고 있습니다. 청주 소로리 볍씨 출토지는 옥산면 남촌리 1113-9번지로, 현재 청주 소로리 볍씨 상징조형물이 세워진 곳에서 북동쪽으로 약 700m 떨어진 곳에 위치하고 있습니다.

청주시는 소로리에서 세계 최고의 볍씨가 발견된 것을 계기로 심볼 마크를 소로리 볍씨를 상징화한 것으로 선정하고 청주시가 세계 벼 문화의 태동지로서 생명 문화를 중시하는 도시의 이미지를 크게 부각시키고 있습니다. 특히 청원군과 통합하기 전부터 전국적인 인기를 누리고 있는 '청원생명쌀'은 세계 최고의 소로리 볍씨가 출토된 미호 강변의 충적토에서 생산된 쌀로, 전국쌀품평회에서 3년 연속 쌀 품질 평가 대상, LOVE-米 7회 수상, 6년 연속 대한민국 LOHAS 인증 등 품질면에서 꾸준히 최고를 자랑하고 있습니다.

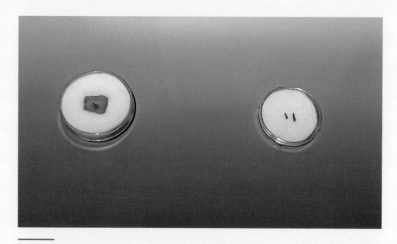

청주 소로리 유적에서 출토된 고대벼(충북대학교 박물관)

청주 소로리 유적에서 출토된 유사벼(충북대학교 박물관)

미호강의 역사적 뿌리

미호강의 역사적 뿌리는 어디까지 닿아 있을까요? 2022년 7월 7일부터 미호천의 명칭이 미호강으로 변경된 역사적 전환점을 맞아 미호강의 역사적 뿌리를 되돌아보는 것도 의미가 있을 것으로 생각됩니다. 미호강의 역사적 뿌리를 찾는 일은 곧 미호강에 처음으로 흔적을 남긴 구석기인이 과연 어느 시대의 인류였을까라는 물음과 맥을 함께

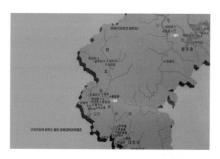

충청북도 수계와 구석기 유적

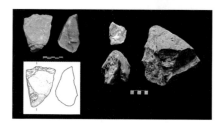

충청북도 청주 인근 미호강의 역사적 뿌리를 최고 50만 년 전으로 끌어올린 청주 만수리 출토 유물들(사진 출처 : 한국선사문화연구원)

합니다. 지금까지의 연구 결과에 따르면 약 50만 년 전의 석기가 발굴된 청주 오송 만수리 유적이 미호강의 역사적 뿌리의 시작점임을 알려주고 있습니다. 다시 말해 미호강 인근의 청주 오송 만수리 유적에서 찾아진 뗀석기들이 이 일대 역사의 시작점을 약 50만 년 전으로 제시하고 있습니다. 50만 년 전이라고 하면 중국 베이징원인과 같은 '곧선사람(Homo erectus)'이 살던 시기여서 이들의 한 부류가 이 땅을 찾았을 것으로 학자들은 추정하고 있습니다. 청주 오송 만수리 유적은 청주시 오송읍(발굴 당시 청원군 강외면) 만수리, 쌍청리, 연제리 일원에 위치한 오송생명과학단지 조성 부지 안에 있습니다.

이 유적은 1990년 손보기 연세대학

▼
곧선사람(Homo Erectus)

160만 년 전부터 25만 년 전까지 전 세계적으로 분포되어 살았던 화석인류로 현생인류인 호모사피엔스(Homo Sapiens)의 직계조상으로 간주됩니다. 인도네시아의 자바섬에서 자바인이 발견된 이후 중국 베이징의 베이징원인, 아프리카 탄자니아의 아프리칸트로푸스, 중국 남전의 남전원인, 인도네시아의 메간트로푸스 등 호모에렉투스의 화석이 세계 곳곳에서 발견되었습니다. 화석들의 키가 150cm~160cm에 이르러 현대인에 가까운 체형을 갖고 있으며 뼈의 크기가 굵고 단단하였습니다. 주먹도끼, 돌도끼, 발달된 형태의 찍개 같은 도구들을 사용한 것으로 알려져 있습니다.

발굴 당시의 청주 만수리 유적 전경. 왼쪽 저수지가 청주시 흥덕구 오송읍 연제저수지입니다.(사진출처 : 한국선사문화연구원)

교 교수에 의해 처음 학계에 소개된 이래 충북대학교 선사문화연구소 팀이 1991년부터 1994년까지 당시 청원군 궁평리 청동기 유적을 조사하는 과정에서 10여 차례의 답사를 통해 이 지역에 폭넓게 발달된 구석기 시대의 고토양층과 석기출토지점을 확인해 보고한 바 있습니다. 이어 공식적인 조사는 오송생명과학단지 부지 조성을 앞두고 2005년 1월부터 시작해 2007년 10월까지 한국문화재보호재단, 중앙문화재연구원, 한양대학교문화재연구소, 한국선사문화연구원 등 4개 기관이 참여해 진행했습니다. 조사 결과 모두 9천3백여 점의 석기 등 유물을 찾은 가운데 최고 약 50만 년 전의 뗀석기가 발굴돼 이 유적이 우리나라 중부지역에 발달한 전기 및 중기 구석기 시대를 대

발굴 당시 청주 만수리 유적에서 각종 유물이 출토된 모습(사진출처 · 한국선사문화재연구원)

표하는 유적임이 밝혀졌습니다. 청주 만수리 유적은 한국, 일본, 프랑스 등 3국 학자들이 실시한 서로 다른 측정 방법을 통해 최고 약 50만 년 전까지 거슬러 올라가는 유적으로 확인되었습니다. 특히 청주 만수리 유적의 연대는 한국(한양대 문화재연구소·한국선사문화연구원팀), 일본(마츠후지 카즈토 교수 팀), 프랑스(앙리 드 룸리 교수 팀) 학자들이 국제적인 공동연구를 통해 밝혀낸 과학적 절대연대란 점에서 그 의미가 큽니다. 50만 년 전은 중국 베이징원인과 같은 '곧선사람(Homo erectus)의 시대'입니다. 따라서 미호강 인근 청주 만수리 일대에 살던 주인공들은 곧선사람의 한 부류였을 것으로 연구팀은 추정했습니다.

발굴 당시 땅속 5m 깊이에서 찾아진 뗀석기(돌을 깨트려 만든 석기)

충청북도 청주시 흥덕구 오송읍 연제저수지(돌다리방죽) 서쪽에서 바라본 청주 만수리 유적지. 사진 내에 보이는 거의 전 지역이 조사 지역에 해당합니다.

들이 미호강 역사의 시작점, 나아가 청주 역사의 시작점을 알려주는 이 지역의 가장 이른 옛사람들의 흔적으로 기록되었습니다. 이와 같은 연구 결과는 나아가 한반도 중원문화의 상한 폭을 50만 년 이전으로 밝혀냈다는 점에서 큰 의미가 있습니다. 아울러 만수리 유적은 미호강변에 발달한 '넓은 한데유적'으로, 그 이전에 발굴된 청주 소로리, 봉명동, 장관리, 송두리 유적 등 미호강을 중심으로 산재한 구석기 유적들의 문화적 성격을 규명하는 데 시금석 같은 역할을 할 것으로 기대됩니다. 특히 전기 및 중기 구석기 시대의 석기 제작 및 발달사 연구에 귀중한 자료를 제공하고, 나아가 자갈돌 석기 문화의 발달과정을 살펴볼 수 있는 자료가 되고 있습니다.

한데 유적

바위 밑이나 동굴 등의 은거지가 아닌, 강가나 못가에서 일시적으로 막집 따위를 짓고 살았거나 머물렀던 자리를 말합니다.

선사시대 미호강 사람들의 흔적

　지금까지 찾아진 청주지역 구석기 유적은 모두 40여 곳에 이릅니다. 모두 미호강의 품 안에 자리한 이들 구석기 유적은 미호강, 나아가 청주지역이 구석기인들의 삶의 터전으로서 큰 역할을 했음을 시사합니다. 특히 당시에는 수렵, 어로, 채집을 통해 삶을 영위해 나갔을 것으로 추정됨에 따라 그만큼 당시에는 이 일대의 자연환경이 더없이 양호했을 것으로 여겨집니다. 청주지역 구석기 유적이 40여 곳에 이르는 것과 관련해 일부 학자들은 청주 일대의 미호강 유역이 구석기 사람들이 살기에 최적의 환경이었을 것으로 추정하고 있습니다. 우종윤 한국선사문화연구원장도 최근 글을 통해 그러한 의견을 밝힌 바 있습니다. 우 원장은 "청주 일대에서 확인된 고고학적 기록들

충북대학교 박물관이 재현한 구석기시대의 석기제작소(충북대학교 박물관)

을 종합해 보면 이 일대가 구석기 시대 사람들의 보금자리였고 동물들의 낙원이었으며 인류 생명 문화의 기원지였음을 말해준다"고 밝혔습니다. 구석기 시대에 이어 찾아온 신석기 시대에도 여전히 청주 인근 미호강 일대는 선사인들의 중요한 삶의 터전으로서 기능을 이어가게 됩니다. 신석기 시대의 가장 큰 특징은 무엇보다도 구석기 시대의 이동 생활을 끝내고 정착 생활을 함으로써 사람들의 삶의 패턴이 크게 바뀌었다는 점입니다.

청주 인근 미호강 유역을 찾은 옛사람들이 신석기 시대라는 변화한 환경에 적응하며 정착 생활을 시작한 흔적은 1993년 청주 쌍청리 유적에서 처음 찾아졌습니다. 우종윤 원장에 따르면 이들 신석기인은 '움자형(凸)'의 독특한 구조를 한 움집을 짓고 살았으며 돌보습과 갈판,

청주 봉명동 구석기 유적에서 출토된 석기들(충북대학교 박물관)

청주 쌍청리 신석기 유적에서 출토된 갈판과 갈돌(청주박물관 소장)은 곡식의 껍질을 벗기고 가루를 빻을 때 사용하는 도구입니다.

청주 쌍청리 신석기 유적에서 출토된 빗살무늬토기(청주박물관 소장)

청주 사천동에서 출토된 신석기 시대의 그물추(청주박물관 소장)

갈돌, 돌도끼, 화살촉, 그물추 같은 돌 연모를 만들어 사용했습니다.

또 여러 문양이 새겨진 토기를 구워 생활했습니다. 시기는 대략 기원전 4천5백 년쯤으로, 이들 돌 연모와 토기로 보아 미호강에 뿌리를 내렸던 청주 쌍청리 신석기 사람들은 농사를 짓고 사냥과 물고기잡이를 하며 생활했음을 보여줍니다. 우 원장은 "이런 점에서 이들은 청주 인근 미호강에 살았던 첫 농사꾼들이었던 셈"이라며 의미를 부여했습니다.

신석기 시대에 이어 찾아온 청동기 시대에는 농사짓기가 더욱 보편화 되었습니다. 삶의 양식에도 변화가 일어 취락이 확대되고 움집 규모와 구조에도 변화가 왔으며 새로운 형태의 무덤이 나타나기도 하는 등 생활상이 크게 변했습니다. 이 시기의 움집은 평면 장방형에 돌돌림 불땐자리, 초석, 저장구덩을 갖춘 구조와 이중 단사선문을 특징으로 하는 토기가 출토되는 가락동 유형의 움집으로 대표됩니다. 특히 이 같은 움집은 청주 내곡동, 송절동, 용암동, 비하동, 가경동, 대율리, 풍정리, 장대리, 상신리 같은 미호강 언저리에 집중 분포하는 특징을 보입니다. 미호강이 여전히 당시 사람들의 주된 삶의 터전 역할을 했음을 뒷받침하는 단서입니다. 돌 연모는 돌도끼, 돌대패 같은 나무 가공용이 늘어나고 반달돌칼, 돌낫, 돌칼 같은 식물자원의 수확이나 채취를 할 때 사용하는 석기들을 만들어 사용했습니다. 기원전 12세기~11세기의 청주시 청원구 내수읍 학평리 움집에서는 간 돌검, 화살촉, 반달돌칼과 함께 주로 무덤에서 나오는 비파형 동검이 출토되어 특별한 관심을 끌었습니다. 이 비파형 동검은 남한지역의 초기 동검을 대표하는 것으로, 일찍이 금속문화를 습득한 청동기인들이 청주 인근 미호강 언저리에 살았음을 의미하기 때문입니다.

청동기 시대 후기의 취락은 구릉이나 평탄대지, 충적대지에 자리하고 있는데 공통적으로 농사짓기에 유리한 입지를 택한 것으로 우 원장은 해석했습니다. 이 시기의 취락으로는 청주 봉명동, 비하동, 서촌동, 송절동, 운동동, 쌍청리, 만수리, 궁평리, 장대리 유적을 들었습니다. 이들 유적 중 우 원장은 특히 미호강과 인접해 있는 궁평리 취락을 강조했습니다. 청주 궁평리 취락에서 출토된 민무늬토기의 압흔(壓痕)을 조사한 결과 논 작물인 벼와 밭작물인 기장, 조, 들깨와 함께 곤충 등이 확인되었습니다. 우 원장은 "청주 궁평리에 살았던 청동기 시대의 미호강 사람들은 밭농사와 논농사로 작물을 재배해 식량자원화 했다"며 "이는 흔적으로 남긴 씨앗의 기록이 말해 준다"고 말합니다.

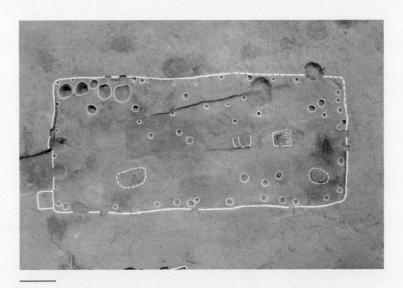

청주 내수 학평리에서 확인된 청동기 전기의 주거지 모습(사진 출처 : 한국문화재재단)

청주 내수 학평리 출토 비파형 동검(사진 출처 : 한국문화재재단)

제2장

미호강의 자연 생태적 특성과 가치

미호강의 자연 생태는 어떨까요? 또 미호강의 자연 생태적 특성과 가치는 무엇일까요? 미호강의 자연 생태는 한마디로 매우 독특합니다. 국내에 이런 강이 또 있을까 하는 생각이 들 정도로 독특합니다. 어떤 면에서는 다른 강에 비해 매우 돋보이는 자연 생태를 보입니다. 가히 작지만 세계적인 강이라 부를 만합니다. 아니 미호강을 작지만 세계적인 강으로 부르는 이유가 바로 미호강의 독특한 자연 생태적 특성(특수성)과 가치 때문이라고 할 만큼 도드라집니다.

굽이쳐 흐르는 미호강(충청북도 진천면 문백면 갈탄리)

생물지리학적 생태 특성

미호강의 생태 특성을 더욱 독특하게 만든 요인으로 생물지리학적 요인을 꼽을 수 있습니다. 먼저 좁은 의미의 생물지리학적 측면에서 보면, 미호강이 한반도 중부의 내륙을 흐르는 강이라는 점에서 각종 철새들의 중간기착지 역할을 하고 있음에 주목할 필요가 있습니다.

미호강은 내륙의 중앙부를 흐르는 하천이기에 시베리아 등 북쪽 지역으로부터 한반도의 남해 습지, 제주 습지, 더 멀리는 일본 열도를 오가는 각종 철새들의 중간기착지 역할을 하고 있습니다. 아시아 대륙 북부에서 번식해 겨울이면 한반도 남해 습지 등을 오가는 고니류와 독수리 등이 겨울철이면 미호강에서 자주 목격되는 이유 중의 하나입니다. 중간기착지로의 기능은 미호강의 생태 다양성을 높여줄 뿐만 아니라 생태적 가치에도 큰 영향을 주고 있습니다.

여기에 더해 미호강의 자연 생태를 최근 생물지리학적 관점에서 바라보게 한 '중대한 계기'가 있었습니다.

그동안 북미와 중미 대륙, 유럽 일부 지역(지중해 연안의 이탈리아 북부)에서만 발견되어 온 미주도롱뇽과 이끼도롱뇽이 최근 미호강 수계의 청주 무심천 상류에서 발견되어 세계 학계로부터 주목받는 지역 중의 하나로 떠올랐습니다.

청주 무심천 상류에서 2008년 8월 이끼도롱뇽을 처음 찾아낸 이는 충청북도 청주에서 환경생태 분야 활동가로 활약해온 권기윤 씨(생태교육연구소 '터' 회원)입니다.

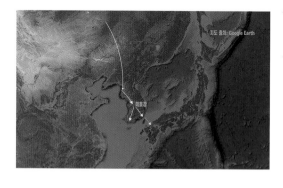

미호강이 철새들의 중간 기착지 역할을 하고 있음을 표시한 지도

권씨는 "이끼도롱뇽을 발견한 곳은 무심천 발원지에서 얼마 떨어지지 않은 계곡으로 당시 이끼도롱뇽은 물가 바위틈에 쌓인 낙엽 속에서 찾았습니다"라고 당시 상황을 설명했습니다.

학자들이 특히 주목하는 것은 북미와 중미 대륙, 유럽 일부 지역에만 서식하는 것으로 알려졌던 미주도롱뇽과의 도롱뇽이 한반도 남한 지역에서 발견됨으로써 그동안 베일에 가려져 있던 '미주도롱뇽의 대륙 이동 및 격리 분포'를 밝힐 수 있는 중요한 단서가 될 수 있다는 점입니다.

미호강 지류인 무심천 상류에서 발견된 이끼도롱뇽. 이끼도롱뇽은 그동안 북미 대륙과 중미 대륙, 유럽의 극히 제한된 곳(이탈리아 북부)에서만 발견되어 온 미주도롱뇽과(科)의 도롱뇽이어서 학계가 주목하고 있습니다. (사진: 권기윤 씨 제공)

세계가 주목하는
이끼도롱뇽

한반도에서는 2001년 4월 대전 갑천 수계의 장태산에서 처음으로 이끼도롱뇽이 발견된 이래 충청북도 청주(무심천 최상류), 전라북도 무주 등 20여 곳에서 서식이 확인되었는데, 학자들은 앞으로 다른 지역에서도 추가 발견될 가능성이 있다고 보고 있습니다. 뿐만이 아니라 한반도와 가까운 중국과 일본 등에서도 이끼도롱뇽과 같거나 유사한 미주도롱뇽과의 가까운 종이 발견될 가능성을 점치고 있습니다.

생물지리학(biogeography)은 생물종의 지리적 분포에 관해 연구하는 학문으로 서식지의 형태를 비롯해 생물종의 분포 변화에 영향을 주는 요소 등을 주로 다룹니다.

생물종의 분포는 환경적 요인과 생물종의 분산 능력 등이 복합적으로 작용해 특징지어진다고 합니다. 그렇게 분포가 특징지어진 생물종 가운데에는 기존의 분포지역이 아닌 전혀 다른 지역에서 격리 분포하는 경우가 있는데, 한반도에서 발견되는 이끼도롱뇽이 그러한 사례에 속합니다. 학자들은 이끼도롱뇽과 같은 격리 분포의 원인 중 하

금강과 미호강이 서해와 내륙의 생태를 연결하는 통로 역할을 하고 있다는 점도 미호강의 생태적 특수성과 다양성을 더해주는 요인입니다.

나로 대륙 이동으로 인한 단절을 꼽고 있습니다. 먼 과거에 미주도롱 농이 살던 초대륙으로부터 한반도를 포함한 일련의 땅덩어리가 떨어져 나와 현재의 아시아 대륙을 이루는 과정에서 미주도롱뇽이 함께 이동해 격리 분포하게 되었다고 보는 견해입니다. 그래서 이를 주장하는 학자들은 지금까지 발견된 곳 이외의 국내 지역은 물론 국외 지역인 일본, 중국 등에서도 발견될 가능성이 있다고 보는 것입니다.

또 미호강의 생태 특성과 관련해 미호강이 금강과 연결된 물줄기라는 점도 눈여겨볼 지리적 환경요인입니다. 즉, 미호강과 미호강의 본류인 금강이 서해와 내륙을 잇는 생태통로 같은 기능을 하고 있는 것도 미호강의 생태적 특수성과 다양성을 더하는 요인이 되고 있습니다.

이를 뒷받침해 주는 사례로 바닷새인 갈매기류를 비롯해 하구 갯벌을 선호하는 일부 물떼새류와 도요류, 오리류가 내륙수계인 미호강에 나타나고 있는 것을 들 수 있습니다.

바다와는 비교적 거리가 먼 충청북도 청주 인근 미호강에서는 최근 바닷새인 갈매기류를 흔히 목격할 수 있습니다. 서해에 사는 갈매기류가 금강 하구를 통해 세종시 관내의 합강리까지 날아들었다가 미호강을 따라 청주 인근까지 날아와 모습을 드러내기 때문입니다. 또 하구나 바닷가 습지를 선호하는 장다리물떼새, 댕기물떼새, 꺅도요, 뻑뻑도요 등의 물떼새류와 도요류도 같은 경로를 타고 미호강 중류까지 곧잘 날아듭니다.

금강 하구 갯벌을 찾았다가 금강 물줄기를 타고 미호강까지 이동해 황오리들과 어울리며 겨울
을 나고 있는 혹부리오리들(흰색 바탕에 갈색 띠가 있는 개체들. 주황색은 황오리)

　겨울철 금강 하구 갯벌과 습지를 찾는 혹부리오리, 고방오리, 가창
오리 중에도 미호강을 찾아 황오리 등 다른 철새들과 어울리는 개체
들이 있는데 이들 또한 같은 경로를 통해 찾아옵니다. 이는 금강과
미호강이 실제로 바다와 내륙의 생태를 이어주는 통로 역할을 하고
있음을 입증합니다.

모래 하천에 따른 생태 특성

　다시 강조하건대 미호강은 '특별한 모래 강'입니다. 강바닥 대부분이 모래로 이뤄진 독특한 강의 특성을 보여주기에 '특별한'이란 수식어를 붙였습니다. 주변에 얕은 산지와 구릉이 많고 사양질 토양이 대부분이어서 하천 바닥은 두터운 모래층을 이루고 있습니다. 하천 바닥에 쌓인 풍화 사질토층은 많은 양의 물이 저장돼 느린 속도로 복류(伏流)하기 때문에 평상시에는 건조해 보여도 속은 물먹은 스펀지같아 많은 생명체를 보듬을 수 있습니다.

　미호강은 하천 길이에 비해 유역면적이 넓은 데다 연평균 강수량이

모래 하천을 선호하는 흰수마자(멸종위기 야생생물 I 급). 미호강에서 모래가 사라지면 가장 먼저 사라질 물고기 중의 하나로 꼽힙니다.

흰수마자

1천2백mm가 넘어 유량도 비교적 풍부한 것으로 알려져 있습니다. 반면 하천 경사도는 완만해 유속이 빠르지 않은 것도 특징입니다.

이러한 조건들은 어류를 비롯한 각종 생물들의 서식 환경과 밀접한 관련이 있습니다. 미호강 수계 내에는 크고 작은 여러 지천과 산지, 구릉지, 농경지가 복합적으로 위치해 있는데 이 또한 생태 다양성과 깊은 관련이 있습니다.

하지만 미호강의 생태적 특성과 관련해 가장 중요한 환경인자는 뭐니 뭐니 해도 '모래'라고 말할 수 있습니다. 앞에서도 살펴보았듯이 미호강이 특별한 모래 하천이기에 미호종개라는 특별한 종개가 탄생할 수 있었으며, 흰수마자라는 중요한 물고기가 극소수 개체이긴 하지만 여전히 미호강의 어류목록을 차지하는 밑바탕이 되고 있습니다.

미호종개와 흰수마자는 모두 멸종위기 야생생물 I급으로, 물이 맑고 물 흐름이 빠르지 않으며 비교적 고운 모래톱이 형성되어 있는 곳을 선호하는 물고기들입니다. 미호강에서 이들이 중요한 것은 '모래의 강' 미호강이 생태적으로 건강한지 가늠해 볼 수 있는 소중한 지표 어종들이기 때문입니다. 극단적인 표현이긴 하나 미호강에서 모래가 사라지면 가장 먼저 사라질 물고기들이 바로 이들입니다.

넓은 모래사장과 함께 하천 주변의 여건도 생물들에겐 중요한 서식 환경입니다. 특히 황오리 같은 철새를 미호강의 품 안으로 찾아오게 하는 중요한 환경요인은 하천 변에 펼쳐진 드넓은 모래사장과 인근의 농경지입니다. 황오리는 그들의 월동지로서 물가에 사방이 트인 휴식

미호강 인근 농경지(논)에서 먹이활동을 하는 황오리들

처가 있고 인근에 먹이터를 갖추고 있는 곳을 선호합니다. 미호강 중류가 바로 그러한 조건을 갖추고 있습니다. 물가 바로 옆에 펼쳐진 넓은 모래사장은 황오리들에게 안락한 휴식처를 제공하고 있으며 강둑과 인접해 있는 농경지(특히 논)는 훌륭한 먹이터 역할을 하고 있습니다.

제3장

특별한 생물종을
품은 강

미호강의 역사문화적 가치 외에도 미호강을 세계적인 강으로 부르는 또 하나의 이유는 미호강이
생태적 특수성과 함께 그러한 특수성을 바탕으로 생태의 보고를 이루고 있기 때문입니다. 미호강
의 생태적 특수성은 금강의 한 지류에 불과한 미호강을 감히 세계적인 강으로 부르게 된 가장 근
본적인 이유이자 가치라고 할 수 있습니다.

텃황새와 미호종개의 강

　미호강은 독특한 생태적 특수성을 가지고 있습니다. 먼저 미호강
은 세계적으로 주목받고 있는 두 생물의 본고향이라는 상징적 의미
가 큽니다. 하나는 한반도에서 사라진 텃황새(텃새로서의 황새, 이하 텃
황새로 통일)의 마지막 서식지가 미호강 상류라는 점에서 그 상징성이
매우 큽니다. 최근 눈에 띄는 성과가 나타나면서 세계로부터 주목받
고 있는 한반도 황새복원 프로젝트가 26년 전 미호강 인근의 한국교

2022년 충남 예산군 광시면 대리 인공둥지에서 번식한 황새 가족. 한국교원대학교에서 시작된 한반도 황새복원 프로젝트의 결실입니다

원대학교에서 시작된 것도 결코 우연한 일이 아닙니다. 황새와 관련해 유독 미호강이 주목받고 있는 것은 이러한 역사적, 시대적 요인에서 비롯됩니다.

또, 미호강에는 미호종개라는 특별한 생명이 살고 있습니다. 생명에도 특별한 생명이 있냐고 반문할 수 있겠지만, 미호강과 관련해서 미호종개는 부득이 특별한 존재일 수밖에 없습니다. 처음 발견된 곳이 미호강이고, 그래서 신종 발표 당시 종의 학술적 고향이라 할 수 있는 타입 로컬리티(Type Locality)가 미호강 내 팔결교 부근으로

타입 로컬리티(Type Locality)

타입 로컬리티란 어떤 생물종의 모식지(신종 발표 당시 기준 표본이 서식하던 장소)로서, 이 모식지에 서식하는 개체의 분류학상 명칭을 정하는 기준이 되는 중요한 개념입니다.

올라 있고, 국명(우리나라에서 부르는 이름)에도 '미호'라는 강 이름이 들어가게 되었습니다.

현재 미호종개는 종과 주요 서식지(충남 부여군 규암면 금암리 및 청양군 장평면 분향리 일원)가 천연기념물로 지정되어 있습니다. 그뿐 아니라 환경부의 멸종위기 야생생물 1급으로도 지정돼 보호받을 정도로 '특별한 대우'를 받고 있는 자랑스러운 유전자원입니다. 미호종개가 이처럼 특별한 대우를 받는 것은 한반도에서 유독 금강수계, 그중에서도 미호강을 비롯한 매우 한정된 수역에서 극히 적은 숫자만 서식 및 분포하기 때문입니다. 1984년 신종 발표된 미호종개는 학술적으로도 중요한 가치를 지니고 있습니다. 이의 등장은 단순히 '대한민국 어류목록의 1종 추가'를 넘어서 세계 어류학자들로 하여금 미꾸리과 어류의 분류체계를 되돌아보게 한 중요한 계기가 되었습니다. 외국 학자에 의해 한때 미호종개의 학명이 변경됐던 것도 같은 맥락에서 벌어졌던 일 중 하나입니다. 비교적 최근에는 러시아 아무르 유역에도 미

하천 모래바닥을 파고 들어가 머리만 내밀고 있는 미호종개

미호종개의 '타입 로컬리티(모식지)'인 미호강 팔결교 부근

호종개가 서식한다는 주장이 제기되는 등 신종이 발표된 지 40년 가까이 된 지금까지 미호종개는 여전히 세계 어류학계의 관심사가 되고 있으며 그 바탕에는 미호강이 자리하고 있습니다.

세계의 관심 대상 '이끼도롱뇽'을 품은 강

여기에 더해 최근 미호강 수계 내의 서식 사실이 확인돼 미호강의 생태적 지위와 가치를 한층 높여준 양서류가 있습니다. 2008년 8월 미호강 지류인 무심천 상류(충청북도 청주시 상당구 가덕면 내암리 계곡)에서 발견된 이끼도롱뇽(Karsenia koreana)이 그 주인공입니다. 이끼도롱뇽은 허파 없이 피부로 호흡하는 미주도롱뇽과의 도롱뇽으로 '대륙이동설의 살아있는 증거'로 불리는 등 학술적으로 매우 중요한

대륙이동설(Continental drift theory)

현재 지구상에 흩어져 있는 대륙들이 과거에는 하나의 커다란 덩어리로 이루어져 있었는데, 이 대륙이 갈라지고 이동하여 지금과 같은 모습을 가지게 되었다는 학설로 1912년 독일의 기상학자인 알프레드 베게너에 의해 제창되었습니다. 이 대륙이동설이 발전해 오늘날 지층의 이동을 설명하는 판구조론으로 발전하게 되었습니다.

최근 미호강 수계인 무심천 상류에서 서식이 확인돼 미호강의 생태적 지위와 가치를 한층 높여준 미주도롱뇽과의 이끼도롱뇽(Karsenia koreana)

종으로 꼽습니다.

우리나라 고유종인 이끼도롱뇽이 국내에서 처음 발견된 것은 2001년 4월로 알려져 있습니다. 당시 대전국제학교 과학교사였던 스티픈 카슨(Stephen J. Karsen)이 대전 장태산에서 학생들과 야외 관찰학습 중 발견하면서 세상에 알려지게 됐으며 2005년 신종 발표와 함께 저명한 과학잡지 네이처에 소개됨으로써 집중적인 관심을 받기 시작했습니다. 이후 국내 서식지가 잇따라 밝혀져 타입 로컬리티인 대전 장태산 외에도 충청북도 청주(무심천 상류, 문의면, 미원면), 속리산, 월악산 일대, 충남 계룡산과 대둔산 일대, 전라북도 무주(덕유산), 진안, 완주 일대, 전라남도 내장산 일대, 경상남도 가야산 일대 등 20여 곳에서 발견되었습니다.

학자들은 앞으로 더 많은 서식지가 밝혀질 것으로 내다보고 있는데, 한국 적색목록은 이 종을 취약(VU)으로 분류하고 있습니다. 새로운 서식지가 잇따라 발견되긴 하지만, 각 서식지에서의 개체수가 극히 빈약한 데다 허파가 없는 종 특성상 서식 환경 변화에 극도로 민감해 현존 개체들도 언제 사라질지 모르는 위급한 상황임을 인식한 때문인 것으로 이해됩니다.

반면 국제자연보전연맹(IUCN)의 적색목록은 이끼도롱뇽을 최소관심종(LC)으로 분류하고 있습니다. 최소관심종은 생식 상황은 평가가 이뤄졌으나 다른 어떠한 분류에도 속하지 않은 분류입니다. 즉, 멸종위기종이나 준위협종 등의 보전조치가 필요한 종에는 해당하지 않는

한국고유종인 이끼도롱뇽의 분포도(출처: IUCN)

다는 뜻입니다. 이는 2018년 7월 3일 이뤄진 평가 결과로, 이끼도롱 뇽의 학술적 가치와 서식 환경 변화에 극도로 민감한 종 특성 등을 감안하면 국제자연보전연맹의 평가가 제대로 이뤄지지 않고 있다는 지적이 제기되고 있습니다.

이끼도롱뇽은 발견된 지 20여 년이 지났지만 자세한 생활사 등이 아직 밝혀지지 않은 '의문투성이의 동물'입니다. 미주도롱뇽과의 도 롱뇽들은 그동안 북미와 중미 대륙에 주로 분포하는 가운데 예외적 으로 일부 종이 유럽의 극히 제한된 지역(지중해 연안의 이탈리아 북부)에서만 발견돼 학계에서는 '미주도롱뇽의 유럽 대륙 격리 분포'에 많 은 궁금증을 가져 왔습니다. 그런데 돌연 그들 지역과 매우 동떨어진 아시아 대륙의 한국에서 미주도롱뇽과의 도롱뇽이 발견돼 그러한 궁금증을 풀 수 있는 단서를 제공하는 계기가 되었습니다.

학자들의 연구 결과 해수면이 낮아졌던 빙하기에 아시아 대륙과 미 대륙이 이어져 있었는데 이 무렵 미주도롱뇽이 유라시아로 이동하게 됐고 더 나아가 지중해 연안까지 분포지역을 넓혀 나가게 되었다는 것입니다. 이런 경로로 전 세계로 번져나간 미주도롱뇽은 이후 어떤 이유에서인지 북미와 중미 대륙을 제외한 다른 지역에서는 멸종의 길을 걷기 시작해 현재처럼 한반도 일부와 이탈리아 북부 등 극소수 지역에만 남아있게 되었다는 것이 학자들의 주장입니다. 또한 일부에서는 대륙이동설을 뒷받침하는 살아있는 증거로 보고 있습니다.

국제자연보전연맹 IUCN (International Union for Conservation of Nature)

국제자연보전연맹 또는 IUCN이라 부르며 세계의 자원과 자연보호를 위해 설립된 환경보호 관련 국제기구로 UN의 지원을 받아 1948년 설립되었습니다. 현재 76개 국의 104개 정부 기관과 720개 민간단체가 가입하였고, 스위스 글란트에 본부를 가지고 있으며, 한국은 환경부를 비롯한 5개 단체가 회원으로 가입해 있습니다.

먼 과거에 미주도롱뇽이 살던 초대륙으로부터 한반도를 포함한 일련의 땅덩어리가 떨어져 나와 현재의 아시아 대륙을 이루는 과정에서 미주도롱뇽이 함께 이동해 격리 분포하게 되었다는 이야기입니다. 그래서 지금까지 발견된 곳 이외의 국내 지역은 물론 국외

지역인 일본, 중국 등에서도 발견될 가능성이 있다고 보는 것입니다.

다양성 풍부한 생태의 보고

　미호강에는 황새와 미호종개를 포함해 천연기념물 22종, 멸종위기 야생생물 25종, 산림청 지정 희귀식물 17종 등 보호종만 해도 60종이 넘게 확인되고 있습니다. 이는 규모가 큰 다른 강들에 비해서도 결코 뒤지지 않을 정도의 수준으로 미호강의 생태적 특성을 대변하고 있

천연기념물이자 IUCN(국제자연보전연맹)의 적색목록에 취약종(VU)으로 분류되어 있는 재두루미. 2022년 1월 충청북도 청주 인근 미호강에서 3마리가 관찰되는 등 이동 시기에 가끔 미호강을 찾아 휴식을 취한 뒤 다시 이동합니다.(자문위원 조해진 박사 제공)

천연기념물이자 IUCN(국제자연보전연맹)의 적색목록에 준위협종(NT)으로 분류되어 있는 수달

습니다. 생태적 특성이 꼭 이 같은 법적 보호종 수의 많고 적음에 따라 주목받아야 하는 것은 아니지만, 적어도 미호강의 생태 다양성을 엿볼 수 있는 중요한 단서임에는 틀림이 없습니다.

적색목록 Red List

국제자연보전연맹에서는 적색목록을 만들어 멸종위기종을 관리하는데 정식 명칭은 '멸종위기에 처한 동식물 보고서'로 멸종위기에 처한 각종 동식물을 멸종위기 등급으로 표시하고 있습니다. 위험을 뜻하는 빨간색을 표지에 사용하면서 '레드리스트(Red List)'란 이름으로 불리고 있으며 적색목록의 등급은 모두 9단계로 이루어져 있습니다.

EX: 절멸(Extinct) – 마지막 개체가 죽은 종
EW: 야생 절멸(Extinct in the Wild) – 야생에서는 절멸한 상태이나 동물원이나 식물원에는 있는 종
CR: 위급(Critically Endangered) – 야생에서 빠른 시간 안에 절멸할 위험성이 높은 종
EN: 위기(Endangered) – 야생에서 가까운 미래에 절멸할 위기에 있는 종
VU: 취약(Vulnerable) – 야생에서 몇 년 안에 절멸할 위기에 있는 종
NT: 준 위협(Near Threatened) – 현재는 위급, 위기, 취약에 해당하지 않지만 가까운 미래에 멸종할 우려가 있는 종
LC: 최소관심(Least Concern) – 위에는 포함되지 않지만 주시할 필요가 있는 종
DD: 정보 부족(Data Deficient) – 멸종 위험을 판단할 정보가 부족한 종
NE: 미평가 (Not Evaluated) – 아직 평가하지 않은 종

이 밖에도 멸종위기 혹은 준 위협 단계는 아니지만 IUCN이 최소 관심종으로 정한 종으로는 노랑부리저어새, 큰기러기, 황오리, 흰목물 떼새, 흰꼬리수리, 황조롱이, 올빼미, 수리부엉이, 솔부엉이, 소쩍새 등이 있습니다.

미호강의 주요 생물 가운데 황새, 재두루미, 독수리, 흰꼬리수리, 큰기러기 같은 이른바 국제보호조류들이 상당수 포함되어 있는 것은 미호강이 이들 조류의 중간기착지로서 역할을 하고 있음을 보여줍니다. 중간기착지는 철새나 나그네새 등이 먼 거리를 오고 갈 때 중간에 잠시 들렀다 가는 지역을 말합니다. 미호강은 또 황오리의 주요 월동지로서도 세계적인 주목을 받고 있습니다. 월동지는 말 그대로 겨울 철새들이 찾아와 겨울을 나는 곳으로, 해당 조류가 이동할 때 최종 목적지로 삼고 찾아온다는 점에서 이동하는 중간에 잠시 들렀다 가는 중간기착지와는 의미가 사뭇 다릅니다.

황오리는 몸길이가 평균 64cm 정도 되는 대형 오리로 몸 색깔이 선명한 주황색을 띠는 게 특징입니다. 유럽 남동부와 중앙아시아 등지에 사는 철새로 우리나라를 찾는 개체들은 북중국 지역이나 러시아 늪지대에서 번식하고 겨울을 나기 위해 날아드는 겨울 철새입니다. 중요한 것은 우리나라를 찾아오는 전체 황오리의 절반 이상이 해마다 미호강에서 월동한다는 사실입니다. 우리나라에는 해마다 겨울철이면 2천여 마리의 황오리가 겨울을 나기 위해 날아오는데 이 중 절반 이상인 1천여 마리가 미호강을 찾고 있습니다. 특히 2022년 1월에서

미호강을 찾아 겨울을 나고 있는 황오리 무리. 한반도를 찾는 황오리 월동 개체의 절반 이상이 미호강에서 월동합니다.

2월까지는 약 1천2백 마리가 월동하는 모습이 확인되기도 했습니다. 이는 최근 5년 동안 관찰된 황오리의 월동 개체군 중 가장 많은 숫자 입니다.

  황오리는 미호강 유역 중에서도 특히 청주 무심천과 미호강이 만나는 합수부 지점을 중심으로 상하류 약 3~4km 구간에서 집중 관찰됩니다. 그밖에는 미호강과 금강이 만나는 세종시 관내 합강리 부근에서 황오리들이 상당수 관찰되고 있습니다. 황오리와 관련해 미호강이 국제적으로 관심의 대상이 되는 것은 미호강이 황오리의 주요 월동지로서 그들의 안녕과 매우 깊은 관련이 있기 때문입니다. 번식

지와 이동 시기에 들르게 되는 중간기착지에서의 안녕도 중요하지만, 1년 중 가장 거친 환경과 맞서야 하는 겨울 기간 동안 월동지에서 어떻게 생활하느냐에 따라 그들의 건강이 크게 좌우될 수 있습니다.

철새의 경우 이동 주기에 따라 번식지-중간기착지-월동지를 오가며 살아가기에 여러 지역 또는 여러 국가가 관련될 수밖에 없고, 그들의 안녕에 대한 관심도 국제적일 수밖에 없습니다. 이러한 관점에서 볼 때 미호강의 생태적 기능에 대한 국제적 관심은 황새, 황오리 같은 국제 조류를 비롯한 각종 생물들이 미호강을 찾고 또 그곳에 사는 한 앞으로도 지속될 전망입니다. 이 밖에도 미호강 유역(진천군 초

미호강을 찾은 황오리들이 먹이터로 이동했다가 휴식을 하기 위해 다시 미호강을 찾는 모습

평면 용정리)은 전 세계 단 1속 1종의 희귀식물인 미선나무 군락지(충청북도 진천의 미선나무 자생지, 천연기념물)가 처음으로 발견되고 또 미선나무 군락지와 인접한 곳에 측백나무 군락지(충청북도 진천의 측백수림, 천연기념물)가 있었다는 점도 과거 미호강의 생태적 특수성을 가늠할 수 있는 한 단면이라 할 수 있습니다.

특별한 모래 하천 미호강

　그렇다면 이 같은 미호강의 생태 다양성 내지 생태적 특수성은 어디로부터 왔을까요? 한 마디로 '미호강은 특별한 모래 하천'이라는 데에서 그 답을 찾을 수 있습니다.

　미호강은 앞에서 살펴본 것처럼 생명의 강이자 생태의 보고입니다. 수많은 생명붙이가 깃들어 살기에 그렇게 부릅니다. 미호강을 생명의 강으로 자리 잡게 한 가장 중요한 환경요인은 다름 아닌 '특별한 모래'입니다. 미호강 인근에는 높지 않은 산지와 구릉이 많습니다. 특히 찰흙과 모래가 적절히 섞인 사양질 토양이 많은 데다 미호강의 평균 경사도가 19.7% 정도로 완만해 유속이 빠르지 않기 때문에 강으로 흘러든 모래들이 쓸려 내려가지 않고 쌓이고 쌓여 두터운 모래 층을

모래 하천 미호강의 겨울 풍경. 고운 모래로 뒤덮인 미호강에 바람이 불자 모래 먼지가 날아오르고 있습니다.

미호강 중류에 드넓게 펼쳐진 모래사장과 모래톱

이룹니다. 물 흐름은 완만하고 강 유역 곳곳에는 잘고 깨끗한 모래가
지천으로 깔려 있는 게 미호강의 본래 모습입니다. 이러한 환경 특성
은 미호종개라는 특별한 물고기를 탄생시켰고, 넓은 모래사장을 좋아
하는 황오리 등 각종 생명들을 불러들이는 주된 요인으로 작용했습
니다. 미호강이 특별한 모래 하천임을 보여주는 두 가지 사례가 있습
니다. 하나는 미호종개의 탄생과 관련한 유명한 일화이고, 다른 하나
는 지금도 사용하고 있는 미호강변의 지명과 관련된 이야기입니다. 먼
저 미호종개의 탄생과 관련된 일화입니다.

　　다음은 '물고기 할아버지'로 유명했던 고 최기철 박사가 그의 저서
를 통해 밝힌 내용입니다. 1990년 11월 최기철 박사(전 서울대학교 명예
교수)가 전북 전주의 한 식당에서 김익수 박사(당시 전북대학교 교수)를
만나 식사를 하던 중 김 박사로부터 미호종개의 신종 발표와 관련한
이야기를 전해 들었습니다고 합니다. 김 박사는 손영목 박사(당시 청

주사범대학교 교수, 현 서원대학교 명예교수)
와 공동연구를 통해 미호종개를 신종 발
표한 장본인입니다. 김 박사는 미호종개
를 신종 발표하기 전인 1982년경 고속버
스를 타고 청주 미호천(현 미호강)을 지날
때마다 하천 바닥에 하얗게 깔린 모래에
항상 마음이 끌렸다고 합니다.

손영목 박사의 '미호천의 담수어
류에 관한 연구' 내용 중 일부(밑줄
친 부분이 당시 채집한 참종개 수)

저런 모래가 깔린 하천 바닥이라면 참
종개 외에 또 어떤 종이 살고 있으며, 만
일 생각대로 특수한 종개류가 산다면 그
건 신종일 가능성이 높지 않을까 하는
생각을 했다는 것입니다. 그러던 참에 같은 해에 당시 청주사범대학
교 교수였던 손영목 박사가 '미호천의 담수어류상에 관한 연구' 논문
을 발표했고, 그 논문을 받아든 순간 미호천에서 채집되었다는 참종
개 81개체가 모두 참종개일까 하는 생각을 했다고 합니다.

두 교수는 대학 동기동창(서울대 생물학과, 최기철 박사 제자)으로 가
까운 사이여서 김 교수는 곧바로 청주에 있는 손 박사 연구실을 찾
아갔고, 그것이 계기가 되어 미호종개를 새롭게 찾아내 결국 신종 발
표를 하게 되었다는 것입니다. 손 박사와 김 박사는 81개체의 참종개
를 모두 확인한 결과 꼬리자루가 무척 가늘고 몸 양측의 반문이 참
종개와는 아주 다른 개체들을 찾아냈습니다. 이에 따라 두 교수는

미호종개 수컷들이 가운데의 암컷을 둘러싸고 산란행동을 하고 있는 모습

공동연구를 통해 이들이 신종으로 확인될 경우 한국명은 '미호종개'로 하고 학명은 은사인 최기철 박사의 성을 넣어 '코비티스 최(*Cobitis choii* Kim et Son/이 중 종소명인 choii는 라틴어식 발음에 의해 최가 아닌 초이로 읽음)'로 하기로 약속했습니다.

이런 일이 있은 뒤 두 교수는 공동연구에 들어갔고, 결국 1984년 한국동물학회지 27권 1호에 '한국산 기름종개속 어류의 1신종 Cobitis choii'를 발표함으로써 미호종개란 한국명을 가진 새로운 민물고기가 대한민국 담수어류 목록에 오르게 되었습니다. 미호종개의 학명 중 속명인 코비티스(Cobitis)는 기름종개속을 의미하며 종소명인 초이(choii)는 최기철 박사를 의미합니다. 학명에 최 박사의 성을 넣은 것은 은사를 기리기 위한 배려였습니다. 미호종개를 '보은(報恩)의 물고기'로 부르는 것은 이 때문입니다.

또 하나는 미호강의 모래에 얽힌 지명 이야기입니다. 예전부터 미호강의 모래가 얼마나 유명했던지 마을 이름에 모래사장을 뜻하는

미호강 수계 중 예부터 평사십리(平沙十里)로 불리던 구간으로 지금도 곳곳에 모래사장이 펼쳐져 있습니다.

한자어를 그대로 집어넣어 작명한 사례가 있습니다. 진천군 문백면 평산리 평사마을이 바로 그곳입니다.

미호강변에 위치한 이 마을은 예부터 마을 앞에 넓은 모래사장이 펼쳐져 있었는데 이곳에 들른 우암 송시열이 평사(平沙)라는 마을 이름을 지어 주었다는 이야기가 전해집니다. 평사(平沙)란 말 그대로 넓고 평편한 모래사장이란 뜻입니다. 평사마을은 천혜의 경관이 아름다워 예부터 선비들이 자주 찾아와 풍류를 즐겼다고 합니다. 당시 선비들이 남긴 평사팔경(平沙八景) 등은 지금까지도 전해집니다. 특히 평사마을에서 은탄리 갈궁저리에 이르는 구간은 평사절경(平沙絶景)이라고 부를 만큼 이 일대를 대표하는 명소일 뿐만 아니라 강을 끼고 펼쳐진 드넓은 모래사장은 평사십리(平沙十里)라는 별칭을 남겼으며 이 별칭이 지금도 지역민들 사이에서 널리 불리고 있습니다.

여기에 더해 미호강이 내륙을 흐르는 강이라는 환경지리학적 요인도 미호강의 생태적 특성을 더욱 독특하게 만들지 않았나 생각됩니다. 한반도 내륙을 흐르는 강의 특성이 미호강만의 생태적 특수성을 갖도록 작용했을 수도 있다는 이야기입니다. 특히 미호강은 내륙의 중앙부를 흐르는 하천이기에 남해 습지, 제주 습지, 더 멀리는 일본을 오가는 각종 철새들의 중간기착지로서 역할과 기능이 요구될 수밖에 없습니다. 남해 습지를 오가는 고니류와 독수리가 겨울철이면 미호강에서 자주 목격되는 이유 중의 하나입니다.

또 금강과 연결된 물줄기란 점에서 서해와 내륙을 잇는 생태통로 같은 기능을 한다는 것을 부인할 수 없습니다. 실례로 바다새인 갈매기류가 내륙인 청주 인근 미호강에서 심심찮게 발견되는 것은 미호강의 생태통로적 기능이 실제 생태계에서 이뤄지고 있음을 입증한다고 할 수 있습니다.

중간기착지인 미호강을 찾아 휴식하며 먹이활동하는 큰고니들

미호천을 찾아와 민물고기 사체를 먹고 있는 2년생 한국재갈매기

　미호강은 그동안 국내는 물론 지역에서조차 특수성과 중요성을 제대로 인정받지 못했습니다. 그러던 중 미호강 인근에서 청주 흥덕사지와 소로리 유적, 만수리 유적 등이 잇따라 발굴되면서 청주와 미호강이 세계적으로 주목받는 계기가 되었습니다. 하지만 이들 유적에 대한 발굴이 학술조사를 위한 사전 계획에 따라 이루어진 게 아니고 대부분 개발에 따른 긴급구제 형식으로 진행되어 결과적으로는 실로 기적 같은 결과를 가져왔다는 점에서 아이러니와 딜레마가 존재해 왔습니다. 어떤 면에서는 청주의 역사와 정체성은 늘 '우연'에 의해서만 밝혀진다는 일종의 자괴감마저 있어 온 느낌입니다. 그러나 이제 그 '우연이 낳은 기적'을 지역 발전을 위한 확고한 디딤돌로 승화시킬 '필

푸른 하늘을 향해 힘차게 날아오르는 저 황오리들처럼 미호강은 이제 세계적인 강으로 힘차게
발돋움할 수 있는 필연의 기회를 맞았습니다.

연의 시기'를 맞았습니다. 미호천의 명칭이 충북도민의 염원대로 최근
미호강으로 정식 변경된 데다 충청북도가 '미호강 프로젝트'를 본격
추진함에 따라 드디어 미호강이 세계적인 강으로 발돋움할 수 있는
기회를 맞은 것입니다. 충청북도가 청주시, 증평군, 진천군, 음성군 등
미호강 유역 내 지자체들과 함께 2032년까지 추진하는 '미호강 프로
젝트'는 충북 최대 규모의 사업으로 충북판 그린뉴딜 사업이란 평을
받고 있습니다. 미호강의 수질을 1급수로 복원하는 것을 비롯해 하천
환경 유지용수 확충, 친수여가공간 조성 등을 집중 추진합니다. 이런

상황을 감안할 때 미호강은 이제 세계적인 강으로 인식되고 평가받을 날이 머지않았습니다. 미호강 프로젝트가 부디 성공적으로 추진되고 미호강이 명실공히 세계적인 강으로 우뚝 서는 날이 오길 진심으로 기대합니다.

미호강의 멸종 위기 생물종들

미호강에서 확인되는 생물 가운데에는 또 국제적으로 보호받고 있거나 관심을 받고 있는 생물들이 상당수 포함돼 있어 중요성을 더하고 있습니다. IUCN(국제자연보존연맹)의 적색목록의 9개 범주에서 보면, 미호강에서 확인되는 황새와 재두루미가 각각 위기종(EN)과 취약종(VU)으로 분류돼 있습니다. 또 미호강의 주요 생물 중 멸종위기의 범주에는 속하지 않지만 가까운 시일 내에 위협이 찾아올 수 있어 관심이 필요한 준위협종(NT)으로는 수달과 독수리 등 2종이 포함되어 있습니다.

미호강에는 문화재청의 천연기념물 22건, 환경부의 멸종위기 야생생물 25종, 산림청의 희귀식물 17종이 보호 동식물로 지정되어 있습니다. 이들 생물종은 결코 적은 숫자가 아닙니다. 규모가 큰 다른 강에 비해서도 크게 뒤지지 않는 수준으로, 이 자체가 미호강의 대표적인 생태 특성이라 할 만큼 중요한 부분입니다. 이들 보호 생물종은 특히 미호강의 자연 생태를 대변하는 주요 생물들로서 미호강의 생태적 가치와 현주소를 가늠할 수 있는 중요한 잣대이기도 합니다.

제4장

미호강의
보호 생물종들

생태의 보고 미호강

미호강의 자연 생태를 더욱 돋보이게 하는 특성은 비록 물길은 짧지만 품 안에 여러 보호 생물종을 품고 있는 생태의 보고라는 점입니다. 미호강에는 문화재청의 천연기념물 22건, 환경부의 멸종위기 야생생물 25종, 산림청의 희귀식물 17종이 보호 동식물로 지정되어 있습니다. 지금까지 직접 확인하지 못했거나 확인했어도 사진을 확보하지 못해 부득이 제외한 종들을 합하면 숫자는 더욱 늘어납니다.

미호강은 여러 보호 생물종을 품고 있는 생태의 보고입니다.

이들 생물종은 결코 적은 숫자가 아닙니다. 규모가 큰 다른 강에 비해서도 크게 뒤지지 않는 수준으로, 이 자체가 미호강의 대표적인 생태 특성이라 할 만큼 중요한 부분입니다.

이들 보호 생물종은 특히 미호강의 자연 생태를 대변하는 주요 생물들로서 미호강의 생태적 가치와 현주소를 가늠할 수 있는 중요한 잣대이기도 합니다.

천연기념물

　미호강 수계의 천연기념물은 포유류 2건, 조류 16건, 어류 1건, 조류번식지 1건, 식물 노거수 2건이 지정되어 있습니다. 천연기념물은 역사적, 학술적, 경관적 가치 등이 높아 법률이 지정한 국가지정문화재입니다. 단순한 동식물이나 지형, 지질, 광물이 아니라 역사성과 학

미호강의 천연기념물 중 일부

술적 가치를 지닌 자연유산으로서 고유성, 특수성, 진귀성, 희귀성, 역사성, 분포성 등의 특성을 가진 자연 문화재를 천연기념물로 지정합니다.

미호강이 금강의 지류란 점에서 금강 수계의 천연기념물을 전체적으로 살펴볼 필요가 있습니다. 금강의 천연기념물은 모두 46건으로 파악되어 있으며 이 중 미호강과 관련된 천연기념물은 22건이 확인되었습니다. 금강의 천연기념물 중 절반에 가까운 47.8%가 미호강에서 확인되고 있다는 이야기입니다.

금강의 길이(유로연장)는 401km, 유역면적은 9,885km²이고 미호강의 길이는 89.2km, 유역면적은 약 1,861km²인 점을 감안하면 미호강 품 안에서 확인되는 천연기념물 수가 결코 적지 않음을 알 수 있습니다. 강의 규모와 지정된 천연기념물의 숫자가 비례하는 것은 아니지만, 미호강에 적지 않은 수의 천연기념물이 분포 및 서식하고 있다는 것 역시 미호강의 자연 생태적 특성을 보여준다고 할 수 있습니다.

문화재청은 2021년 11월 19일부터 문화재보호법 시행령과 문화재보호법 시행규칙을 개정해 시행하면서 국보, 보물, 사적, 천연기념물 등 국가 지정이나 국가 등록 문화재를 표기할 때 지정번호를 표기하지 않기로 했습니다. 문화재청이 이같이 결정한 것은 천연기념물 등 지정문화재의 지정번호가 마치 가치 순인 것처럼 오해하는 것을 막기 위해서입니다.

※금강 수계의 천연기념물

	명칭	미호강 수계에 위치		명칭	미호강 수계에 위치
1	장수 봉덕리 느티나무		25	금강의 어름치	
2	장수 장수리 의암송		26	소쩍새	○
3	진안 천황사 전나무		27	솔부엉이	○
4	무주 오산리 구상화강편마암		28	황조롱이	○
5	무주 삼공리 반송		29	미호종개	○
6	무주 일원 반딧불이와 그 먹이 서식지		30	수달	○
7	금산 요광리 은행나무		31	수리부엉이	○
8	금산 보석사 은행나무		32	올빼미	○
9	영동 영국사 은행나무		33	원앙	○
10	영동 매천리 미선나무자생지		34	재두루미	○
11	보은 서원리 정부인송		35	노랑부리저어새	○
12	보은 용곡리 고욤나무		36	하늘다람쥐	○
13	청주 공북리 음나무	○	37	고니	○
14	청주 연제리 모과나무	○	38	큰고니	○
15	연기 봉산동 행나무		39	흰꼬리수리	○
16	세종 임난수 은행나무		40	검독수리	
17	대전 괴곡동 느티나무		41	독수리	○
18	부여 주암리 은행나무		42	참수리	
19	부여 가림성 느티나무		43	새매	○
20	부여.청양 지천 미호종개서식지		44	붉은배새매	○
21	논산 화악리 오계		45	참매	○
22	익산 천호동굴		46	검은머리물떼새	
23	진천 노원리 왜가리번식지	○			
24	황새	○		총 46건	22건

■ 미호종개/*Cobitis choii*

미호강을 대표하는 물고기이자 천연기념물로, 1984년 손영목 박사 (서원대학교 명예교수)와 김익수 박사(전북대학교 명예교수)가 신종 발표했습니다. 금강 수계에서도 미호강, 대전 갑천, 충남 청양 지천 등 극히 일부 수역에서만 분포하는 희귀 유전자원입니다. 그러나 미호종개의 학술적 고향인 미호강의 팔결교 인근에서조차 사취를 감추는 등 개체수가 급속히 줄어들어 급기야 절멸 위기에 놓이게 되었습니다.

미호강은 모래의 강이라고 불릴 만큼 예부터 고운 모래가 많기로 유명했으나 개발에 따른 골재 채취가 곳곳에서 진행된 데다 농공단지 등 산업화에 따른 수질오염의 가속화까지 겹쳐 결국 미호종개를 절멸 위기라는 최악의 지경으로 내몰게 되었습니다. 이에 문화재청에서는 신종 발표 21년 만인 2005년 3월에 천연기념물로 지정하게 되었고 환경부에서는 멸종위기 야생생물 I급으로 지정, 보호하고 있습니다. 문화재청은 2011년 9월 추가로 충남 부여군 규암면 금암리 일원과 청양군 장평면 분향리 일원의 미호종개 서식지를 천연기

미호종개

2007년 5월 미호강 상류의 초평천에 미호종개 치어를 방류하고 있는 장면

넘물로 지정했습니다.

미호종개가 멸종위기에 처하게 되자 2007년 환경부가 복원사업에 나선 것을 비롯해 그동안 여러 기관 단체가 나서서 10여 차례에 걸쳐 금강 수계에 대한 치어 방류사업을 진행했습니다. 그러나 사업 추진 성과는 만족할 만한 수준으로 나타나지 않고 있습니다. 방류가 이뤄진 이후 제대로 관리가 되지 않은 데다 가장 중요한 서식지 복원이 뒤따르지 않았기 때문입니다. 미호종개는 매우 까다로워 서식지 변화

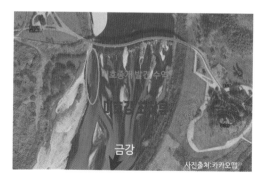

2021년 6월 미호종개의 개체수가 비교적 많이 확인된 미호강 최하류 지역(세종시 연동면 합강리)

충북생물다양성보전협회 조사팀이 2021년 6월 미호강 최하류에서 확인한 미호종개들(사진출처 : 충북생물다양성보전협회)

에 극히 민감합니다. 따라서 미호종개 복원사업은 치어를 인공증식 및 방류하는 것도 중요하지만 서식지를 얼마나 유지하고 복원하느냐가 성패를 좌우할 만큼 중요합니다.

미호종개가 전체적인 개체수 감소 추세를 보이는 가운데 최근 고무적인 소식도 전해져 희망을 안기고 있습니다. 2021년 6월 5일 세종시 연동면 합강리 미호천 최하류에서 국립중앙과학관과 순천향대학교 연구원들이 세종생물다양성탐사대작전 사전 조사 중 미호종개 1개체를 발견한 데 이어 6월 18일 같은 지점에서 (사)충청북도생물다양성보전협회 조사팀이 미호강 어류 전수조사 중 23개체의 미호종개를 추가 발견하여 화제를 모았습니다. 충북생물다양성보전협회는 2022년에도 미호강 중류에서 미호종개 10여 마리를 확인해 미호종개가 열악해진 서식 환경 속에서도 미호강을 완전히 떠나지 않고 여전히 터줏대감 역할을 하고 있음을 밝혀냈습니다.

■ 하늘다람쥐/*Pteromys volans*

　문화재청 '국가문화유산포털' 홈페이지에서는 하늘다람쥐는 백두산 일원에서는 흔히 발견되지만 남한의 중부지방에서는 매우 희귀할 뿐만 아니라 우리나라 특산 아종이므로 천연기념물로 지정·보호하고 있다고 설명합니다. 야행성이기 때문에 낮에는 주로 잠을 자다가 해가 질 무렵부터 활동을 시작합니다. 딱다구리가 파놓은 나무 구멍 혹은 인공 새집을 둥지로 삼는 경우가 많습니다. 나무 구멍이 없는 경우에는 나뭇가지와 풀잎 등을 이용해 직접 둥지를 트는 경우도 있다고 합니다. 가까운 거리는 네발로 기어서 이동하지만 나무와 나무 사이를 이동할 때에는 비막을 이용해 활공합니다. 하늘다람쥐란 이름은 하늘을 활공하는 다람쥐란 뜻으로 붙여졌습니다. 미호강 수계에서는 증평군 관내의 한 느티나무 노거수에서 소수의 개체가 서식하는 것으로 확인되었습니다.

미호강 수계인 충청북도 증평군에서 확인한 하늘다람쥐

■ 수달/*Lutra lutra*

미호강 수생태계의 최상위 포식자로 물고기, 개구리, 뱀, 오리류는 물론 소형 포유류까지 잡아먹습니다. 그러나 다른 족제비과 동물과 달리 성격이 비교적 온순하고 사람을 무서워하지 않아 인가 근처까지 곧잘 접근하는 경향이 있습니다. 족제비과에 속하는 야행성 동물로 주로 물가에 살면서 바위 구멍이나 나무뿌리 밑 같은 곳에 굴을 파고 보금자리를 마련합니다.

미호강의 대표적인 지류인 청주 무심천과 증평 보강천 등지에서 심심찮게 수달이 발견되는 이유도 바로 이 같은 특성 때문입니다. 도시 하천을 찾는 개체수가 늘면서 로드킬을 당하는 사례도 발생하고 있어 하천 주변을 달리는 차량은 세심한 주의가 필요합니다. 어업 허가 지역에서는 어부들이 쳐놓은 그물 속의 물고기를 빼가기 위해 이빨로 그물을 찢어 놓는 경우가 있어 원망의 대상이 되거나 심지어 밀렵의 대상이 되기도 합니다.

미호강 하천 생태계의 최상위 포식자 '수달'

포유류-수달

■ 황새/*Ciconia boyciana*

미호강의 자연 생태와 관련해 가장 관심을 끌고 있는 '생물과학기념물'입니다. 과거 우리나라의 텃황새(텃새로서의 황새)가 마지막까지 살았던 곳이 바로 미호강 최상류이기 때문입니다. 한반도에서 텃황새가 사라진 뒤 겨울철에만 모습을 드러내는 황새는 시베리아 등지에서 날아오는 겨울 철새이기에 예전의 텃황새와는 그 의미가 사뭇 다릅니다. 이후 미호강 인근에 있는 한국교원대학교가 1996년부터 텃황새 복원에 나서고 있는데 그 성과가 서서히 나타나고 있어 관심을 끕니다. 텃황새 복원이 시작된 지 26년째인 2022년에는 인공사육장인 충남 예산황새공원 외의 6개 지역에서 모두 20마리가 자연 번식하는 결과를 얻었습니다. '미호강발(發) 한반도 황새복원 프로젝트'가 그 빛을 발하기 시작한 것입니다. 머지않은 미래에 우리나라에서 태어난

2021년 3월 미호강을 찾은 야생 황새가 먹이활동을 하고 있는 장면

텃황새 후예들이 미호강을 찾아 스스로 둥지를 틀고 새끼를 번식하는 날이 오길 기대합니다. 그러기 위해서는 지자체와 주민들의 노력이 무엇보다도 필요합니다. 2023년까지 미호강 프로젝트를 추진하는 충청북도는 해당 지자체들과 긴밀히 협력해 텃황새가 본래의 고향인 미호강으로 돌아와 정착할 수 있도록 힘써야 합니다.

특히 음성군은 때마침 미호강 상류에 황새 복원을 주제로 한 생태공원 조성을 추진하고 있는 만큼 사업의 초점인 실질적인 텃황새 복원이 보다 이른 시일 안에 이뤄질 수 있도록 적극 나서 줄 것을 주문

2022년 5월 충남 예산군 내 인공둥지에서 자연 번식에 성공한 황새 어미들이 새끼를 돌보고 있습니다. 한국교원대학교를 중심으로 추진 중인 '미호강발(發)' 황새복원 프로젝트의 성공이 머지않았음을 알려주는 의미 있는 결실입니다.

합니다.

그리고 이 기회에 과거 미호강 상류에 살다가 안타깝게 생을 마친 '음성 마지막 황새 부부' 박제의 귀향을 서둘러 '원주인'인 음성군민과 충북도민에게 되돌려 줄 것도 당부합니다.

■ 고니/*Cygnus columbianus*

최근 들어 개체수가 더욱 줄어드는 바람에 기존의 도래지에서도 관찰하기가 쉽지 않은 '귀한 새'가 되었습니다. 얼핏 보면 큰고니와 흡사하나 몸집이 큰고니보다 작은 반면 노란 부리를 덮고 있는 검은색 부분은 큰고니보다 넓어 구별됩니다. 미호강은 고니류의 중간기착지 역할을 하고 있습니다. 따라서 겨울 철새의 이동 시기가 되면 미호강에서는 한반도 남부 습지를 오가는 무리 중 일부가 이동 중에 들렀다가 휴식을 취하는 모습을 가끔 관찰할 수 있습니다. 고니류의 특징은 다 자라지 않은 미성숙한 새의 몸 빛깔이 완전히 희지 않고 때가 낀

고니(사진제공 : 조해진 박사·자문위원)

것처럼 보이거나 회갈색을 띠고 있어 '백조'로 불리는 새의 이미지와는 다른 면모를 보인다는 점입니다.

■ **큰고니**/*Cygnus cygnus*

큰고니는 고니와 비슷하나 부리의 노란색 부분이 더 넓습니다. 고니보다는 월동 개체가 많은 것으로 알려져 있습니다. 고니처럼 목을 곧게 세우고 헤엄치는 모습이 인상적입니다. 고니보다 높은 소리로 날카롭게 웁니다. 몸길이가 140cm에 이르는 대형 조류로 주로 물가에 난 수초류의 뿌리를 긴 목과 부리를 이용해 캐서 먹습니다. 낙동강 하구 혹은 전라남도 진도, 해남 등지의 월동지로 이동하는 무리 중 일부가 이동하는 중에 미호강에 들러 휴식을 취한 다음 다시 이동합니다.

중간기착지인 미호강에 들러 휴식하는 큰고니 가족

■ 재두루미/*Grus vipio*

재두루미는 우리나라의 천연기념물이자 국제적인 멸종위기종입니다. 국제자연보전연맹(IUCN)의 적색목록에는 재두루미가 취약종(VU)으로 분류되어 있습니다. 취약종은 야생에서 절멸 위기에 처할 가능성이 높은 종을 의미합니다. 우리나라에는 겨울에 찾아오는 철새로 주로 경기도 파주와 강원도 철원지역으로 찾아오고 있습니다. 일부 개체는 그 밖의 지역에서 월동하기 위해 이동하는데 무리의 일부가 내륙의 미호강에 잠시 들러 쉬었다 가는 개체들을 간혹 볼 수 있습니다. 2022년 2월에는 미호강 중하류에 3마리가 나타났다가 약 1주일간 머문 뒤 다른 곳으로 이동했습니다. 이들은 인근 농경지(논)를 찾아 먹이활동을 했으며 휴식은 주로 미호강에서 취하는 모습이 관찰되었습니다.

재두루미 어미와 어린 개체(맨 오른쪽)가 논에서 먹이활동을 하는 모습(사진제공 : 조해진 박사·자문위원)

■ 노랑부리저어새/*Platalea leucorodia*

저어새와 비슷하게 생겼으나 부리 끝부분이 노란색을 띠고 있어 구별됩니다. 이 노란색은 겨울에는 옅어지고 여름에는 더욱 선명해집니다. 노랑부리저어새는 주로 해안가나 간척지 등에서 생활하지만 간혹 하구 습지에 나타나기도 합니다. 서해와 접해 있는 금강 하구에서도 관찰됩니다(국내 분포도 참고).

일부 개체는 주요 분포지역인 해안가나 하구 습지, 간척지 등으로 부터 벗어나 모습을 드러내는 경우도 있습니다. 실례로 금강 하구에서 30여km 떨어진 충남 강경지역의 경우 적은 개체이긴 하나 노랑부리저어새가 간혹 나타나 머물다 가는 사례가 언론보도를 통해 알려져 왔습니다. 그보다 상류 쪽으로는 극소수 개체가 세종시 관내의 장남들 등에서 2~3차례 관찰된 것으로 전해질 뿐입니다. 그러다가 2022년 1월 충청북도 청주시 관내 미호강에서 돌연 1마리의 노랑부리저어새가 관찰돼 학계를 깜짝 놀라게 했습니다. 학계에서는 '노랑부

노랑부리저어새(사진제공 : 조해진 박사·자문위원)

2022년 1월 충청북도 청주시 관내 미호강을 깜짝 방문한 노랑부리저어새(화살표)

리저어새의 미호강 '깜짝 방문'을 매우 이례적인 사례로 보고 있습니다. 이날 나타난 노랑부리저어새는 날 때 날개 끝이 검은 어린 개체였습니다. 노랑부리저어새의 미호강 깜짝 방문은 지류인 미호강이 본류인 금강과 함께 서해와 내륙의 생태계를 잇는 중요한 생태통로 내지는 연결고리 역할을 하고 있음을 여실히 보여주고 있습니다.

노랑부리저어새의 국내 분포도

■ 독수리/*Aegypius monachus*

   최근 들어 겨울 철새의 이동 시기가 되면 미호강변의 개활지와 상공에 자주 모습을 드러내 국내 조류 생태계에 변화가 오고 있음을 보여주는 대표적인 겨울 철새입니다. 독수리는 주로 경기도 파주, 연천 등 비무장지대를 찾지만 최근 들어 경상남도 고성에는 한 해 6백 마리 이상이 찾아와 겨울을 나는 등 한반도 남쪽 지방이 독수리의 새 월동지로 주목받고 있습니다. 이처럼 독수리의 한반도 월동 개체군에 변화가 오면서 한반도 중부 내륙에 위치한 미호강의 조류 생태에도 변화가 나타나고 있습니다. 독수리의 겨울철 출현 빈도와 개체수가 크게 늘어나면서 미호강의 중간기착지 역할도 보다 확대되고 있습

미호강을 찾아 물고기 사체를 놓고 먹이경쟁을 펼치는 독수리들

독수리

최근 들어 겨울철만 되면 미호강에서는 작은 무리를 이뤄 휴식하거나 먹이 경쟁을 하는 독수리들을 흔히 볼 수 있게 되었습니다.

니다. 2022년 2월~3월의 경우 충청북도 청주시 관내의 미호강에서는 하루에 많게는 40~50여 마리가 관찰되기도 했습니다.

■ 흰꼬리수리/*Haliaeetus albicilla*

개체수는 적지만 최근 들어 미호강에서 겨울철에 자주 발견되는 맹금류 중의 하나입니다. 성숙한 어미새의 꼬리가 흰색이어서 흰꼬리수리라는 이름이 붙었지만 우리나라를 찾는 개체들은 대부분 생후 5년 이하의 미성숙한 개체들인 것으로 알려져 있습니다. 미성숙 개체

미호강 상공을 날면서 먹이를 찾는 흰꼬리수리

흰꼬리수리

는 꼬리 부분에 흰 깃털이 있긴 하나 전체적으로 어두운색을 띠고 있
어 다른 종으로 오인하기 쉽습니다. 이 때문에 흰꼬리수리가 나타난
지역의 주민들은 이 새의 방문 사실을 잘 모르는 경우가 많습니다.
미호강 인근 주민들 또한 흰꼬리수리의 겨울철 도래 사실을 잘 모르
고 있습니다. 이 새의 특징은 수리과의 맹금류답게 날개폭이 넓고 끝
부분이 갈라집니다. 미호강에서는 커다란 잉어와 붕어 등 물고기를
주 먹이원으로 월동하고 있습니다.

■ 참매/*Accipiter gentilis*

우리나라에서 적은 개체가 번식하기도 하지만 대부분은 겨울철에
관찰되는 수리과의 겨울 철새입니다. 미호강에서는 겨울철 하천 주변
의 개활지에서 주로 관찰됩니다. 배 부위에 세밀한 가로줄 무늬가 있
고 눈썹 위에는 흰 눈썹선이 굵고 뚜렷한 게 특징입니다. 같은 종이
만 약간 다른 아종으로 몸빛이 희게 보이는 흰참매가 있습니다. 먹이

어린 참매(사진제공 : 조해진 박사·자문위원)

로는 주로 꿩과 비둘기, 오리 같이 날아다니는 새들을 빠르게 따라가 잡아먹으며 청설모나 다람쥐 같은 작은 포유류를 잡아먹기도 합니다.

■ **붉은배새매**/*Accipiter soloensis*

몸길이가 30~33cm 정도로 몸집은 작지만 다른 동물을 잡아먹고 사는 맹금류입니다. 등 부위의 색이 푸른빛을 띤 회색이어서 다른 새 매류와 쉽게 구별되는 수리과의 여름 철새입니다. 우리나라에서 살거

주변을 경계하는 붉은배새매(사진제공 : 조 해진 박사·자문위원)

나 찾아오는 맹금류의 대부분이 천연기념물과 멸종위기 야생생물로 지정되어 보호받고 있는데 이 새 역시 천연기념물과 멸종위기 야생생물 II급으로 지정되어 있습니다. 주로 잡아먹는 먹잇감은 각종 쥐를 비롯해 작은 새와 개구리, 곤충들입니다.

■ 새매/*Accipiter nisus*

참매와 비슷하게 생겼으나 몸집이 작고 눈 위에 있는 눈썹 선도 참매보다 가늘어 구별됩니다. 번식기에는 암수가 함께 생활하지만 번식기가 아닌 철에는 단독생활을 한다고 합니다. 최근 우리나라 일부 지역에서 번식한 사례가 알려졌지만 겨울철에 주로 관찰되는 겨울 철새입니다. 몸길이는 32~39cm 정도로 참매(50~56cm)보다는 훨씬 작고 붉은배새매(30~33cm)보다는 조금 큰 편입니다.

먹이활동 중인 새매(사진제공 : 조해진 박사·자문위원)

■ 황조롱이/*Falco tinnunculus*

우리나라에서 번식해 사시사철 머무는 매과의 텃새입니다. 매과의 맹금류는 엄격한 규제와 각종 국제협약을 통해 보호하고 있는 종이 많습니다. 우리나라에서는 드물지 않은 텃새이지만 천연기념물로 지정해 보호하고 있는 것은 국제적 추세와 더불어 예부터 사냥과 관련된 문화성도 가지고 있기 때문입니다. 최근 들어 서식지가 파괴되면서 도시 지역의 아파트 건물 등에서 번식하는 사례가 많아지고 있습니다. 미호강 지류 무심천이 흐르는 충청북도 청주지역 아파트 단지에서도 황조롱이의 번식 사례가 점차 늘고 있습니다. 황조롱이 하면 정지비행이 떠오를 정도로 정지비행을 잘합니다. 정지비행은 먹잇감을 찾거나 잡기 위해 일시적으로 공중에 정지해 있는 고도의 비행술입니다. 정지비행을 호버링(Hovering)이라고도 합니다.

미호강 상공에서 호버링하는 황조롱이

■ 올빼미/*Strix aluco*

　주로 밤에 활동하는 야행성 맹금류입니다. 작은 새나 들쥐, 곤충류를 먹고 사는데 이들 먹잇감이 농약 등에 오염되는 사례가 늘면서 개체수가 감소 추세에 있습니다. 올빼미와 부엉이를 포함한 올빼미과 조류는 전 세계적으로 120여 종이 있는데 우리나라에는 11종(올빼미, 흰올빼미, 금눈쇠올빼미, 긴점박이올빼미, 긴꼬리올빼미, 수리부엉이, 솔부엉이, 쇠부엉이, 칡부엉이, 소쩍새, 큰소쩍새)이 기록되어 있습니다.

　올빼미과 조류는 국제적으로 보호하고 있으며 우리나라는 11종 중 7종(올빼미, 수리부엉이, 솔부엉이, 쇠부엉이, 칡부엉이, 소쩍새, 큰소쩍새)을 천연기념물로 지정, 보호하고 있습니다.

　과거에는 올빼미들이 느티나무 등 각종 노거수의 빈 구멍에 보금자리를 틀어 생활하거나 번식하는 경우가 많았습니다. 따라서 한때

어린 올빼미가 둥지를 벗어난 채 어미를 기다리고 있는 모습

노거수 보호를 목적으로 나무 구멍을 막는 외과수술이 전국적으로 유행하자 일부 환경단체 등이 나서서 외과수술을 반대하는 목소리를 높이기도 했습니다. 미호강 수계에서는 지금도 농촌 및 산간 마을의 노거수(느티나무 등)나 오래된 건물 등을 중심으로 적은 개체가 서식, 분포하고 있습니다. 사진으로 보는 바와 같이 번식기에 둥지를 벗어나 어미의 보호를 받지 못하고 도태되는 개체를 간혹 볼 수 있습니다.

■ 수리부엉이/*Bubo bubo*

몸길이 약 70cm, 양쪽 날개 길이 약 190cm에 이르는 야행성 대형 맹금류입니다. 우리나라의 올빼미과 가운데 몸집이 가장 큽니다. 부엉이류의 특징인 귀깃을 갖고 있습니다. 주로 큰 바위가 있는 절벽 등지에 보금자리를 마련합니다. 미호강 수계에서도 계곡과 인접한 절벽

미호강 수계의 농촌 마을을 찾은 수리부엉이

에서 주로 관찰됩니다. 보금자리는 특별한 재료를 물어다 새 둥지처럼 짓는 게 아니라 알이 굴러떨어지지 않을 정도의 편평한 곳을 선택해 그대로 사용합니다. 특이한 것은 이 같은 '날바닥의 보금자리'에 알을 낳아 부화시켜 새끼를 기르면서도 봄이 채 오기 전인 늦겨울부터 번식에 들어가는 부지런한 새입니다. 해에 따라서는 눈 속에서 새끼를 키우는 장면이 포착되기도 합니다. 이처럼 서둘러 번식기를 갖는 것은 먹이가 풍부한 여름에 새끼를 독립시키기 위한 종 특성인 것으로 알려져 있습니다.

■ 솔부엉이/*Ninox scutulata*

솔부엉이란 이름을 갖고 있으면서도 부엉이 같지 않게 생긴 올빼미과의 여름 철새입니다. 올빼미과의 새들은 머리에 뿔처럼 보이는 귀깃이 없는 올빼미류와 귀깃이 있는 부엉이류로 나뉘는데 솔부엉이만큼

미호강 수계인 충청북도 증평군 내 노거수에 둥지를 튼 솔부엉이들이 낮에 잠을 자고 있는 모습

둥지 안의 어린 솔부엉이

솔부엉이의 알

은 부엉이류이면서도 귀깃을 갖고 있지 않기 때문입니다.

또한 다른 올빼미과의 특성인 '편평하면서도 뚜렷한 얼굴 면'도 갖고 있질 않습니다. 다만 진한 밤색의 몸 빛깔과 선명한 노란색 눈이 큰 특징입니다. 깊은 산속보다는 도시 근교의 공원 내 노거수 등의 빈 나무 구멍에 둥지를 틀어 새끼를 번식합니다. 미호강 수계에서는 증평군 관내 노거수에서 2021년과 2022년 연이어 새끼를 번식하는 장면이 관찰되었습니다. 미호강 수계에서 만난 솔부엉이 어미들은 새끼의 크기에 따라 곤충 등 다양한 종류의 먹잇감을 물어다 먹이는 것이 확인되었습니다.

■ 소쩍새/*Otus sunia*

몸길이 약 20cm로 우리나라의 올빼미과 조류 가운데 몸집이 가장 작습니다. 대부분 몸 빛깔이 회갈색이나 드물게 붉은빛을 띠는 개체(적색형)가 있습니다. 작지만 귀깃을 갖고 있어 올빼미과의 한 무리인

어린 소쩍새

부엉이류로 분류됩니다. 주로 밤에 활동하며 곤충류나 거미류를 먹고 삽니다. 소쩍새라는 이름은 독특한 울음소리로부터 유래했습니다. '소쩍 소쩍' 하고 울면서 한반도의 여름밤을 더욱 한국답게 만들어준 주인공입니다.

속설에 의하면 소쩍새가 '소쩍 소쩍' 울지 않고 '소쩍다(솥적다) 소쩍다(솥적다)' 울면 그 해에 풍년이 든다고 믿었답니다. 이 새가 '소쩍다 소쩍다' 울면 그 해 가을에는 솥이 적을 만큼 곡식이 넘쳐날 것을 미리 예견했다는 것입니다. 그러나 아쉽게도 이 새 또한 먹이 오염과 서식지 파괴 등으로 갈수록 개체수가 줄어드는 추세입니다.

■ 원앙/*Aix galericulata*

원앙이 천연기념물로 지정된 이유는 세계적으로 2만~3만여 마리밖에 남아있지 않은 데다 그 모습이 매우 아름다워 선조들로부터 사랑을 받아온 진귀한 새이기 때문입니다. 우리나라에서 태어난 텃새로

번식기를 맞아 화려한 깃털로
갈아입은 수컷 원앙

서 일 년 내내 생활하는 개체들이 대부분이나, 일부는 겨울에만 찾아오는 겨울 철새 원앙도 있습니다. 오리과의 조류이지만 숲속의 나무 구멍에 둥지를 틀고 새끼를 번식하는 특징이 있습니다. 원앙의 암컷과 수컷의 모습이 너무 큰 차이를 보여 수컷은 원(鴛), 암컷은 앙(鴦)이라고 불러왔는데 어느 때부터인가 원과 앙이 같은 종이라는 사실이 알려진 뒤로는 둘을 합쳐 '원앙'이라고 부릅니다. 수컷 원앙의 경우 번식기에는 화려한 깃털로 변하지만 번식기 이후에는 암컷과 흡사한 변환 깃으로 갈아입습니다. 수컷의 부리는 붉은색인데 이 붉은색 부리는 변환 깃 시기에도 변하지 않아 암컷과 쉽게 구별할 수 있습니다.

미호강 수계에서는 비교적 한적한 골짜기나 저수지에서 주로 관찰되며 둥지는 농촌 마을의 느티나무 구멍에 곧잘 틉니다. 암컷은 둥지를 틀 때 맨 마지막으로 자신의 가슴에 있는 부드러운 깃털을 뽑아 바닥에 까는 습성이 있습니다. 이 부드러운 깃털은 알이 부화할 때까지 열의 방출을 막는 보온재 역할을 톡톡히 합니다.

둥지를 틀기 위한 장소를 찾기 위해 느티나무에 오른 암컷 원앙

(원앙 가족의 이소 장면 1)
어미 원앙이 이소하기 위해 바깥을 살
피고 있습니다.

(원앙 가족의 이소 장면 2)
어미 원앙이 먼저 둥지를 떠납니다.

(원앙 가족의 이소 장면 3)
새끼 원앙들이 어미를 따라 뛰어내립
니다.

(원앙 가족의 이소 장면 4)
둥지를 떠나는 새끼 원앙에게는 두려
움이 없어 보입니다.

▪ 진천 노원리 왜가리 번식지

충청북도 진천 노원리 왜가리 번식지는 1962년 12월 7일 천연기념물(13호)로 지정할 당시만 해도 우리나라의 대표적인 왜가리 번식지였습니다. 보호구역 내에 자라고 있던 은행나무(수령 1천 년 추정)를 중심으로 해마다 수백 마리의 왜가리(백로과 여름 철새)들이 날아와 둥지를 틀고 새끼를 번식했습니다.

이 번식지에는 왜가리뿐만 아니라 같은 백로과의 여름 철새인 중

1962년 천연기념물 지정 당시 수백 마리의 왜가리가 찾아와 둥지를 틀고 새끼를 번식했던 은행나무(화살표. 수령 천년 추정)가 지금은 밑둥치만 살아있을 뿐 왜가리 번식지로서의 기능을 완전히 상실했습니다.

대백로, 중백로, 쇠백로 등이 찾아와 번식기만 되면 일대가 장관을 이루곤 했습니다. 하지만 천연기념물 지정 60년이 지난 지금은 왜가리는 물론 다른 백로과 새들도 전혀 찾아오지 않는 '이름만 천연기념물'인 안타까운 장소가 되었습니다. 2022년 5월과 7월 두 차례에 걸쳐 현장을 방문해 주변을 살펴봤으나 두 번 모두 왜가리를 비롯한 백로과 새와 둥지가 전혀 발견되지 않았습니다. 주민들의 말에 따르면 왜가리 등 백로과 새들이 찾아오지 않기 시작한 지는 10년이 넘었으며 이젠 왜가리 번식지를 기억하는 주민들도 점차 사라지고 있는 상황입니다.

1990년대 충청북도 '진천 노원리 왜가리 번식지'의 모습. 이 당시에도 이미 은행나무의 주요 줄기가 말라죽은 상태에서 백로과 새들이 가까스로 둥지를 짓고 있었습니다.

1990년대 안내 표지판에는 천연기념물 명칭이 '진천의 왜가리 도래지'로 표기되어 있으며 이 시기에는 은행나무에 30여 개의 둥지가 있었다고 설명하고 있습니다.

■ 청주 공북리 음나무/*Kalopanax septemlobus*

음나무는 보통 엄나무로 불리고 있으나, 국가생물종지식정보시스템에 음나무로 올라있기 때문에 음나무로 부르는 게 옳습니다. 이 나무의 가장 큰 특징은 어려서부터 가지에 크고 억센 가시가 많이 돋는다는 점입니다. 하지만 이 가시는 나무가 오래되면서 사라집니다. 음나무 가시는 예부터 악귀를 물리치는 데 활용해 왔습니다. 특히 사람이 많이 드나드는 대문이나 방문 위에 큰 가시가 달린 음나무 가지

미호강 품안에서 약 7백 년을 자라온 충청북도 '청주 공북리 음나무(천연기념물)'

청주 공북리 음나무

를 잘라 걸어놓아 악귀를 쫓는 풍습이 있습니다. 줄기와 가지는 여름 철 보양식으로 삼계탕을 끓일 때 흔히 넣는 재료로 활용됩니다. 또한 봄철에 돋아나는 새싹은 개두릅이라고 부르며 인기가 좋습니다. 줄 기와 뿌리는 약재로 씁니다. 이러한 여러 쓰임새 때문에 음나무가 수 난을 겪는 경우가 많습니다. 그럼에도 청주 공북리 음나무가 수령 약 700년이 될 때까지 무사했던 것은 주민들이 정성을 들여 보호해 온 때문입니다. 인가와 떨어진 마을 인근 야산에 있어 겉으로 잘 드러나 지 않는 점도 장수하고 있는 이유 중의 하나입니다.

1982년 11월 천연기념물로 지정된 청주 공북리 음나무는 가슴 높 이 둘레가 약 5m, 높이 약 10m에 이를 정도의 거대한 노거수로 보는

청주 공북리 음나무의 웅장한 줄기와 가지 모습

순간 감탄사가 절로 나올 만큼 압도적입니다.

꽃은 7월~8월에 피고 열매는 핵과(중심부에 1개 혹은 여러 개의 견고한 핵을 갖는 과실)로 9월 말에서 10월에 검은색으로 익습니다. 나무 주변에는 현재 자연 발아한 어린 개체들이 여러 그루 자라고 있습니다.

■ 청주 연제리 모과나무/*Chaenomeles sinensis*

미호강이 품고 있는 소중한 생물과학기념물 중 하나입니다. 수령 500년 이상 된 노거수로 조선 세조와 연관된 이야기가 내려오는 유서 깊은 나무입니다. 조선 세조 초에 이곳(충청북도 청주시 흥덕구 오송읍 연제리)에 은거하던 류윤이 세조의 부름을 받았을 때 이 모과나무를 가리키며 자신은 쓸모없는 사람이라며 거절하자 세조가 친히 '무동처사'라는 어서를 하사하기도 했다고 전해집니다.

생물학적 가치와 함께 역사, 문화적 가치가 커 천연기념물로 지정

조선 세조와 연관된 이야기를 품고 있는 충청북도 청주 연제리
모과나무(천연기념물)

청주 연제리 모과나무

해 보호하고 있습니다. 500여 년이라는 기나긴 세월을 견뎌온 노거
수여서 줄기 속이 모두 텅 빈 상태이지만 아직도 봄이면 무성한 잎과
꽃을 피우고 여름에는 열매를 맺는 등 왕성한 생명력을 보이고 있습
니다.

나무 높이는 약 13m, 가슴 높이의 둘레는 약 4m에 이르는 명목
중의 명목입니다. 일반 가정집 담장 안이나 공원 화단에서 흔히 볼
수 있는 모과나무가 이처럼 큰 덩치의 노거수로 자라기까지 얼마나
많은 풍상을 겪었을지 생각해 보면 감탄사가 저절로 나옵니다. 인근
에는 연제저수지(일명 돌다리방죽)가 있는데 이 저수지 남동쪽으로는

청주 연제리 모과나무는 500여 년의 풍상을 겪어서인지 기괴하고 웅장하게 뻗은 줄기와 가지가 가히 압도적입니다.

미호강의 역사적 뿌리를 50만 년 전으로 끌어올린 만수리 유적이 발굴된 곳입니다.

수령 500년이 넘은 노거수임에도 여전히 열매를 맺고 있는 청주 연제리 모과나무

멸종위기 야생생물

　문화재청의 천연기념물은 '역사성과 학술적 가치를 지닌 자연유산으로서 고유성, 특수성, 진귀성, 희귀성, 역사성, 분포성 등의 특성을 가진 자연문화재'에 지정합니다. 이에 비해 환경부의 멸종위기 야생생물은 야생생물 보호 및 관리에 관한 법률에 따라 야생생물을 효과적으로 지켜내기 위해 지정 보호하는 법정보호생물을 말합니다. 천연기념물이 자연유산과 자연문화재적 가치에 방점을 찍고 있다면 멸종위기 야생생물은 해당 생물종을 실질적으로 보호하는 데 초점을 둔다고 할 수 있습니다.

　멸종위기 야생생물을 보다 구체적으로 설명하자면, 자연적 혹은 인위적 위협요인으로 인해 개체수가 현격히 감소하거나 소수만 남아 있어 가까운 장래에 절멸될 위기에 처해 있는 야생생물로서, 법으로 지정해 보호 관리하는 법정보호종을 일컫습니다.

　현재 멸종위기 야생생물은 I급과 II급으로 나눠 지정 관리하고 있습니다. 환경부는 2017년 12월 I급 60종, II급 207종을 지정 보호하고 있습니다. 멸종위기 야생생물 목록은 '야생생물 보호 및 관리에 관한 법률'에 따라 5년마다 개정하고 있는데 환경부는 2022년 12월까지 개정안을 마련해 시행할 예정입니다.

환경부는 이 일환으로 2022년 9월 5일부터 40일간 '야생생물 보호 및 관리에 관한 법률' 시행규칙 일부개정안을 입법 예고한 데 이어 2022년 12월 말 안으로 최종안을 마련해 시행하기로 했습니다. 이번 개정안에는 2017년 지정된 267종보다 15종이 늘어난 282종을 멸종위기종으로 지정하는 내용이 담깁니다.

등급별로는 멸종위기 야생생물 I급은 현재 60종에서 68종으로, II급은 207종에서 214종으로 늘어납니다.

19종이 새로 포함되며 9종은 I급과 II급 간 등급이 조정되고 4종은 해제됩니다.

멸종위기 야생생물 I급

미호강에서 확인되는 멸종위기 야생생물 25종을 소개하면 다음과 같습니다.

■ 미호종개/*Cobitis choii*

미호강을 대표하는 민물고기로 천연기념물이자 멸종위기 야생생물 I급으로 지정된 소중한 유전자원입니다. 손영목 박사(서원대학교 명예교수)와 김익수 박사(전북대학교 명예교수)가 1984년에 신종 발표했습니다. 금강 수계에서도 미호강 등 극히 일부 수역에서만 서식, 분포합니다. 미호종개의 학술적 고향인 미호강의 팔결교(충청북도 청주) 인근에서 조차 자취를 감추는 등 개체수가 급속히 줄어드는 추세입니다.

미호강의 대표 어종 '미호종개'

■ 흰수마자/*Gobiobotia nakdongensis*

한국적색목록 평가에서 위기종(EN)으로 평가된 잉어과의 민물고기입니다. 한강과 금강, 낙동강 일대 하천에 제한적으로 서식하는 한국 고유종입니다. 수심이 얕고 바닥에 가는 모래가 쌓여 있으며 유속이 느린 여울부에 주로 서식합니다. 이 같은 서식 환경은 미호종개와도 겹쳐 과거 미호종개 서식지에서는 두 어종이 함께 출현하는 경우가 많았으나 최근에는 두 어종 모두 멸종위기 야생생물 I급으로 지정돼 보호할 만큼 매우 보기 드문 물고기가 되었습니다.

모래를 선호하는 흰수마자와 재첩

■ 수달/*Lutra lutra*

천연기념물이자 멸종위기 야생생물 I급으로 지정된 미호강의 대표 포유동물입니다. 족제비과에 속하는 야행성 동물로 주로 물가에 살면서 바위 구멍이나 나무뿌리 밑에 굴을 파고 보금자리를 마련합니다. 물고기, 개구리, 뱀,

미호강의 최강자 '수달'

오리류는 물론 작은 포유류까지 잡아먹는 수생태계의 최강자입니다. 미호강에서는 하류부터 상류에 이르는 본류 및 지류에 광범위하게 서식합니다.

■ 황새/*Ciconia boyciana*

천연기념물이자 멸종위기 야생생물 I급으로 지정된 국내 몇 안 되는 소중한 유전자원입니다. 미호강의 자연 생태와 관련해 가장 관심을 가져야 할 '생물과학기념물'입니다. 과거 우리나라의 텃황새(텃새로서

미호강을 찾아 쉬고 있는 황새(2021년 3월 11일)

의 황새)가 마지막까지 살았던 곳이 바로 미호강 최상류 지역이기 때문입니다. 한반도에서 텃황새가 사라진 뒤 겨울철에만 모습을 드러내는 황새는 시베리아 등지에서 날아오는 겨울 철새이기에 예전의 텃황새와는 그 의미가 사뭇 다릅니다.

■ 흰꼬리수리/*Haliaeetus albicilla*

천연기념물이자 멸종위기 야생생물 Ⅰ급으로 지정된 소중한 몸입니다. 최근 들어 미호강에서 개체수는 적지만 겨울철에 자주 발견됩니다. 성숙한 어미새의 꼬리가 흰색이어서 흰꼬리수리라는 이름이 붙었지만 우리나라를 찾는 개체들은 대부분 생후 5년 이하의 미성숙 개체입니다. 미성숙 개체는 전체적으로 어두운 색을 띠고 있어 다른 맹금류와 혼동하기 쉽습니다. 미호강에서는 주로 물고기가 주요 먹이원이 되고 있습니다.

미호강의 겨울 진객으로 자리 잡은 흰꼬리수리

■ 가시연꽃/*Euryale ferox*

수련과의 한해살이풀로서 국제자연보전연맹(IUCN)의 적색목록에 최소관심종(LC)으로, 한국적색목록에 취약종(VU)으로 분류된 보호종입니다. 커다란 잎의 양면 잎맥 위에 날카로운 가시가 돋기에 가시연 혹은 가시연꽃이라는 이름을 얻었습니다. 연 혹은 연꽃이라는 명칭과는 달리 씨앗으로 번식하기에 흔히 연근으로 알려진 뿌리줄기가 없습니다. 미호강 수계에서는 진천군 관내의 일부 늪지대에서 극소수 개체가 발견됩니다.

■ 금개구리/*Pelophylax chosenicus*

개구리과 개구리속에 속하는 양서류로 우리나라에만 서식하는 고유종입니다. 국제자연보전연맹(IUCN)의 적색목록에 취약종(VU), 한국적색목록에도 취약종(VU)으로 분류되어 있습니다. 등 양쪽에 금빛이 나는 선이 2개 있습니다. 참개구리는 줄이 3개입니다. 곤충류를 주로 잡아먹으며 논이나 물웅덩이, 습지 등에서 생활합니다.

■ 꼬마잠자리/*Nannophya pygmaea*

국제자연보전연맹(IUCN)의 적색목록에 최소관심종(LC), 한국적색목록에 취약종(VU)으로 분류되어 있습니다. 유충의 몸길이는

연근이 없는 가시연꽃

미호강의 대표 양서류 금개구리

꼬마잠자리 암컷

꼬마잠자리

8~9mm, 성충의 몸길이는 15~17mm밖에 안 될 정도로 매우 작습니다. 수컷은 선명한 붉은색, 암컷은 갈색과 노란색을 띠고 있습니다. 산지의 습지 혹은 묵은 논 등지에서 서식하며, 한낮에 햇볕이 내리쬐면 물구나무를 서듯 배를 하늘로 향하는 습성이 있습니다.

꼬마잠자리 수컷

■ **노랑부리저어새**/*Platalea leucorodia*

저어새와 비슷하나 부리 끝부분이 노란색을 띠고 있어 구별됩니다. 금강 수계에서는 최근 세종시 관내에서 극소수 개체가 확인된 바 있으나 금강의 지류인 미호강에서는 노랑부리저어새가 발견된 적 없습니다. 그러던 중 2022년 1월 충청북도 청주시 관내 미호강(무심천 합수부)에서 돌연 1마리의 노랑부리저어새가 관찰되어 관심을 끈 바 있습니다. 천연기념물이자 멸종위기 야생생물입니다.

최근 미호강 수계까지 날아들고 있는 노랑부리저어새
(사진제공 : 조해진 박사·자문위원)

■ 독수리/*Aegypius monachus*

독수리는 겨울철에 우리나라를 찾아 월동하는 겨울 철새입니다. 미호강은 독수리의 중간기착지로 이동 시기에 자주 목격됩니다. 2022년 2월~3월의 경우 충청북도 청주 관내의 미호강에서 하루에 많게는 40~50여 마리가 관찰되었습니다. 하지만 미호강 주변에 이들의 먹잇감이 부족해 오래 머물지 못하고 휴식이 끝나면 곧바로 이동합니다. 천연기념물과 멸종위기 야생생물로 지정되어 있습니다.

미호강을 찾은 독수리들이 먹이 경쟁을 하는 모습

■ 참매/*Accipiter gentilis*

참매는 국제자연보전연맹 (IUCN) 적색목록에 최소관심 종(LC), 한국적색목록에 취약종 (VU)으로 분류되어있는 수리 과 새매속의 겨울 철새입니다.

먹이활동을 하고 있는 참매(사진제공 : 조해진 박 사·자문위원)

■ 붉은배새매/*Accipiter soloensis*

붉은배새매는 수리과의 드문 여름 철새로 국제자연보전연맹(IUCN) 적색목록과 한국적색목록에 최소관심종(LC)으로 분류되어 있습니다. 또 멸종위기에 처한 야생동식물종의 국제거래에 관한 협약(CITES)에 는 부속서Ⅱ에 속해 있습니다. 부속서Ⅱ에 속한 종은 현재 멸종위기에

처해 있지는 않지만 국 제거래를 엄격하게 규 제하지 않을 경우 멸 종위기에 처할 수 있 는 종을 의미합니다.

둥지 안의 새끼들을 돌보고 있는 붉은배새매 어미

■ 새매/*Accipiter nisus*

국제자연보전연맹(IUCN) 적색목록과 한국적색목록에 최소관심종(LC)으로 분류되어 있고 CITES에는 부속서 II에 속해 있는 종입니다. 국제거래를 엄격하게 규제하지 않을 경우 멸종위기에 처할 수 있는 종입니다.

수리과의 흔하지 않은 겨울 철새 '새매'. (사진제공 조해진 박사·자문위원)

■ 벌매/*Pernis ptilorhynchus*

벌매는 이름에서 느껴지듯이 벌과 관련이 있는 맹금류입니다. 주로 땅굴 속에 지은 땅벌 집을 찾아내 그 안에 있는 애벌레를 잡아먹는 특이한 습성이 있습니다. 그래서 우리나라에는 땅벌 등이 벌집을 짓는 여름철에 주로 나타납니다.

공중을 빙빙 돌고 있는 벌매(사진제공 : 조해진 박사·자문위원)

■ 맹꽁이/*Kaloula borealis*

국제자연보전연맹(IUCN)의 적색목록에 최소관심종(LC), 한국적색목록에 멸종위기 범주인 취약종(VU)으로 분류돼 있습니다. 농경지, 하천 주변의 습지 등에 살면서 대부분을 땅속에서 생활합니다. 야행성인 데다 번식기 외엔 울음소리를 내지 않아 사람의 눈에 잘 띄지 않습니다. 번식기는 6월~8월이며 주로 비가 많이 내리는 장마철에 집단으로 모여 산란합니다. 땅을 잘 파고들어 쟁기발개구리라고도 부릅니다.

주로 밤에 활동해 눈에 잘 띄지 않는 맹꽁이

맹꽁이

■ 산작약/*Paeonia obovata*

한국적색목록에 멸종위기 범주인 위급종(CR)으로 분류돼 있습니다. 작약과의 여러해살이풀로 산지의 반 그늘진 곳에 자생합니다. 희귀한 데다 꽃이 아름다워 자생지가 알려지면 쉽게 훼손당하는 경우가 많습니다. 약용과 관상용으로 무분별한 채취가 이뤄지면

무분별한 채취로 멸종위기에 놓인 산작약

서 멸종위기에 놓이게 되었습니다. 미호강에서는 수계 내 일부 산지에서 관찰되나 개체수가 극히 적어 곧 사라질 위기에 있습니다.

▪ 삵/*Prionailurus bengalensis*

한반도에 생존하는 유일한 고양이과 야생동물로 국제자연보전연맹(IUCN)의 적색목록에 최소관심종(LC), 한국적색목록에 멸종위기 범주인 취약종(VU)으로 분류돼 있습니다. 멸종위기에 처한 야생동식물의 국제거래에 관한 협약인 CITES에도 부속서 I에 속해 있습니다. CITES의 부속서 I에 속한 종은 무역이 중지되지 않으면 멸종될 생물종을 일컫습니다. 그만큼 보호가 필요한 종입니다. 이마부터 뒤통수로 이어지는 흰 줄무늬와 귀 뒤의 흰색 반달무늬, 뺨에 있는 세 줄의 갈색 줄무늬가 특징입니다.

한반도에서 고양이과 야생동물로는 유일하게 생존해 있는 삵

■ 수리부엉이/*Bubo bubo*

국제자연보전연맹(IUCN)의 적색목록에 최소관심종(LC), 한국적색목록에 멸종위기 범주인 취약종(VU)으로 분류되어 있습니다. 멸종위기에 처한 야생동식물의 국제거래에 관한 협약인 CITES에는 부속서 II에 속해 있습니다. CITES의 부속서 II에 속한 종은 현재 멸종위기에 처해 있지는 않지만 국제거래를 엄격하게 규제하지 않을 경우 멸

미호강의 '밤의 지배자' 수리부엉이

종위기에 처할 수 있는 종입니다. 우리나라의 올빼미과 조류 가운데 몸집이 가장 큽니다. 부엉이류의 특징인 귀깃을 갖고 있으며 주로 큰 바위가 있는 절벽 등지에서 생활합니다.

■ 올빼미/*Strix aluco*

국제자연보전연맹(IUCN)의 적색목록에 최소관심종(LC), 한국적색목록에 멸종위기 범주인 취약종(VU)으로 분류돼 있습니다. 멸종위기에 처한 야생동식물의 국제거래에 관한 협약인 CITES에는

천연기념물이자 멸종위기 야생생물인 올빼미의 어린 개체

부속서 Ⅱ에 속해 있습니다. 야행성 텃새로 작은 새나 들쥐, 곤충류를 먹고 삽니다. 이들 먹잇감이 농약 등에 오염되는 사례가 늘면서 개체수가 감소 추세에 있습니다.

■ 재두루미/*Grus vipio*

국제자연보전연맹(IUCN)의 적색목록에 취약종(VU), 한국적색목록에 준위협종(NT)으로 평가돼 있습니다. 멸종위기에 처한 야생동·식물의 국제거래에 관한 협약인 CITES에는 부속서 Ⅰ에 속해 있습니다. 겨울에 찾아오는 철새로 주로 경기도 파주와 강원도 철원지역을 찾아오고 있으나 일부가 그 밖의 지역에서 월동하기 위해 이동하다가 미호강에 잠시 들러 쉬었다 가는 개체들을 간혹 볼 수 있습니다.

미호강을 중간기착지 삼아 찾아오는 재두루미.(사진제공 : 조해진 박사·자문위원)

■ 큰고니/*Cygnus cygnus*

국제자연보전연맹(IUCN)의 적색목록에 최소관심종(LC), 한국적색

미호강을 찾은 큰고니 가족

목록에 취약종(VU)으로 분류
돼 있습니다. 고니와 비슷하나
부리의 노란색 부분이 더 넓습
니다. 우리나라에는 겨울에 찾
아오는 겨울 철새입니다. 낙동
강 하구나 전라남도 진도, 해남
등지의 월동지로 이동하는 무
리 중 일부가 미호강에 잠시 들러 휴식을 취한 뒤 다시 이동합니다.

■ 큰기러기/*Anser fabalis*

국제자연보전연맹(IUCN)의 적색목록과 한국적색목록에 최소관심
종(LC)으로 분류돼 있습니다. 겨울 철새로 국내에는 철원평야, 시화
호, 천수만, 주남저수지 등이 주요 도래지이나 미호강 인근 농경지에
도 일부가 도래합니다. 이들이 농경지를 찾는 이유는 벼 낟알과 초
본류를 즐겨 먹기 때문입
니다. 큰기러기보다 부리
가 더 가늘고 긴 큰부리기
러기는 물가에서 수초류의
뿌리와 열매를 주로 먹는
게 다릅니다.

미호강 습지를 찾아 휴식하는 큰기러기들

■ 큰말똥가리/*Buteo hemilasius*

국제자연보전연맹(IUCN)의 적색목록에 최소관심종(LC), 한국적색목록에 준위협종(NT)으로 분류돼 있습니다. 드문 겨울 철새로 농경지, 간척지, 개활지 등에서 주로 활동하며 쥐와 작은 새 등을 잡아먹습니다. 개체에 따라 깃털의 변화가 심하지만 말똥가리에 비해 전체적인 깃털 색이 희고 밝

미호강 인근 전봇대에 앉아 먹이를 노리는 큰말똥가리

은 색이 대부분이어서 구별됩니다. 덩치도 말똥가리에 비해 훨씬 큽니다.

■ 하늘다람쥐/*Pteromys volans aluco*

국제자연보전연맹(IUCN)의 적색목록에 최소관심종(LC), 한국적색목록에 취약종(VU)으로 분류돼 있습니다. 멸종위기에 처한 야생동식물의 국제거래에 관한 협약인 CITES에는 부속서 I에 속해 있습니다. CITES의 부속서 I에 속한 종

미호강의 귀염둥이 하늘다람쥐

미호강의 멸종위기 포유류

은 무역이 중지되지 않으면 멸종될 생물종을 일컫습니다. 서식지 파괴로 멸종위기에 처해 있으며 미호강 수계에서는 증평군 관내의 느티나무 노거수에서 소수 개체가 관찰됩니다.

■ **흰목물떼새**/*Charadrius placidus*

흰목물떼새는 미호강의 드문 텃새이자 겨울 철새입니다. 꼬마물떼새와 흡사하게 생겼으나 꼬마물떼새는 번식을 위해 찾아오는 여름 철새인 데다 부리와 다리가 흰목물떼새에 비해 짧은 점이 다릅니다. 국제자연보전연맹(IUCN)의 적색목록에 최소관심종(LC), 한국적색목록에 취약종(VU)으로 분류돼 있습니다. 주로 자갈이 많은 강가 모래밭을 선호합니다. 하천의 자갈밭과 모래톱이 소실되면서 서식지가 크게 위협받고 있습니다.

미호강의 드문 텃새이자 겨울 철새인 흰목물떼새

산림청 희귀식물

우리나라에서 희귀식물(Rare Plants)은 멸종위기식물, 보호식물, 감소추세종, 특정식물, 법정보호식물, 적색 식물목록 등 다양한 용어로 사용되어 왔습니다. 이에 산림청은 희귀식물과 관련한 보전사업을 수행하면서 '희귀 및 멸종위기식물(Rare and Endangered Species)'이란 명칭으로 통칭해 사용했습니다.

그러나 환경부가 2004년부터 자연환경보전법에서 멸종위기종을 별도로 구분해 명시하면서 '희귀 및 멸종위기식물'이란 통칭의 사용에 혼란이 일게 되었고, 산림청은 이 명칭과의 혼란을 피하기 위해 '희귀식물'이란 단일 명칭을 사용하게 돼 현재에 이르고 있습니다. 산림청은 희귀식물을 지정할 때 '일반적으로 보호되어야 할 자생지의 식물, 특히 개체군의 크기가 극히 적거나 감소해 보전이 필요한 식물로서 종의 지리적 분포영역, 서식지의 특이성 정도 및 지역 집단의 크기를 고려해 희귀성의 범주를 설정'하고 있습니다.

산림청은 현재 희귀식물의 구분(희귀성의 범주)을 야생절멸종(EW), 멸종위기종(CR), 위기종(EN), 취약종(VU), 약관심종(LC), 자료부족종(DD)으로 나눠 지정하고 있습니다. 미호강 수계 내에서는 현재 17종의 희귀식물이 관찰되고 있습니다.

■ 미선나무(멸종위기종)/*Abeliophyllum distichum*

전 세계 단 1속 1종인 외로운 가계의 나무로 우리나라에만 자생하는 고유종입니다. 현재 국내에 남아있는 자생지 대부분이 천연기념물로 지정되어 보호받고 있습니다. 미호강 수계에는 충청북도 진천군 초평면 관내에 우리나라에서 처음으로 발견된 미선나무 자생지가 천

미선나무 꽃

옛 부채인 미선(尾扇)을 닮은 미선나무 열매

연기념물 14호로 지정돼 있었으나 주민들의 무분별한 채취로 완전히 사라져 천연기념물에서도 제외되었습니다. 현재 이곳 자생지에서 자라고 있는 개체들은 최근에 이식한 것들입니다.

■ 개정향풀(멸종위기종)/*Trachomitum lancifolium*

개정향풀속의 여러해살이풀로 원뿔 모양 꽃차례의 독특한 꽃을 피웁니다. 1910년대까지 자생하다가 90여 년 동안 발견되지 않아 학계는 멸종한 것으로 인정해 왔습니다. 그러나 2005년에 경기만 해안에서 다시 발견돼 화제가 되었습니다. 이후 10여 곳의 자생지가 추가로 발견되었습니다. 미호강 수계에서는 최근 청주시 청원구 오창읍 관내에서 극소수 개체가 관찰됐으나 이곳에 본래부터 자생하고 있었는지 여부는 확인할 수 없습니다.

청주시 관내에서 발견된 개정향풀

■ 산작약(멸종위기종)/*Paeonia obovata*

작약과의 여러해살이풀로 산지의 반 그늘진 곳에 자생합니다. 희귀한 데다 꽃이 아름다워 자생지가 알려지면 쉽게 훼손당하는 경우가 많습니다. 약용과 관상용으로 무분별한 채취가 이뤄지면서 멸종위기

산작약 열매

에 놓이게 되었습니다. 미호강 수계에서는 일부 산지에서 관찰되나 개체수가 극히 적어 곧 사라질 위기에 있습니다.

■ **깽깽이풀**(위기종)/*Jeffersonia dubia*

제주도를 제외한 전국의 산 중턱 숲속 아래에 드물게 자생하는 여러해살이풀입니다. 꽃은 4월에 보라색 또는 흰색으로 피는데 관상 가치가 높아 자생지 대부분이 훼손된 경우가 많습니다. 미호강 수계에서는 충청북도 진천군과 증평군 관내의 산지에서 매우 적은 개체가 관찰됩니다.

곱고 예쁜 꽃을 피운 깽깽이풀

■ 가시연꽃(취약종)/*Euryale ferox*

커다란 잎의 양면 잎맥 위에 날카로운 가시가 돋기에 가시연 혹은
가시연꽃이라는 이름을 얻

었습니다. 연이라는 명칭과

는 달리 씨앗으로 번식해 흔

히 연근으로 알려진 뿌리줄

기가 없습니다. 미호강 수계

에서는 진천군 관내의 작은

늦지에서 발견됩니다.

가시연꽃의 어린 개체들

■ 삼지구엽초(취약종)/*Epimedium koreanum*

줄기에서 가지가 나와 3개씩 두 차례 갈라져 9개의 잎이 달린다고
해서 삼지구엽초란 이름이 붙었습니다. 오래전부터 약용과 관상용으
로 인기가 높아 자생지마다 홍역을 치른 뒤 보기 드물어진 식물이 되

독특한 꽃을 피운 삼지구엽초

미호강의보호육상식물-미선나무, 개
정향풀, 산작약, 깽깽이풀, 삼지구엽초

었습니다. 미호강 수계에서는 충청북도 진천군과 증평군 관내의 산지에서 매우 적은 개체가 관찰됩니다.

■ 천마(취약종)/*Gastrodia elata*

이름을 보면 마과의 식물로 오인하기 쉬우나 난초과의 여러해살이풀입니다. 천마라는 이름은 근경(뿌리줄기)이 마를 닮아 붙여졌습니다. 미호강 수계에서는 충청북도 음성군, 진천군, 증평군 관내의 산지에서 관찰됩니다.

긴 꽃대에 핀 천마 꽃

■ 통발(취약종)/*Utricularia vulgaris var. japonica*

여러해살이 벌레잡이식물입니다. 하천의 습지에 분포하는데 미호강

수계에서는 청주시, 증평군, 진천군 관내의 늪에서 관찰됩니다. 난초꽃을 닮은 노란 꽃을 피우는 게 특징입니다. 하천 바닥 준설과 습지 개발로 인한 자생지 파괴로 갈수록 개체수가 줄고 있습니다.

난초꽃을 닮은 통발 꽃

■ 흑삼릉(취약종)/*Sparganium erectum*

하천 습지에 나는 여러해살이풀입니다. 근경(뿌리 모양의 땅속 줄기)

을 흑삼릉(黑三稜)이라 부르는
데서 명칭이 유래했습니다. 미
호강 수계에서는 지류인 청주
무심천 중상류에 분포하나 하
천 준설작업으로 인한 자생지
파괴로 개체수가 급속히 줄어
들고 있습니다.

미호강 수계인 충청북도 청주 무심천에 자생하
는 흑삼릉

■ 가침박달(약관심종)/*Exochorda serratifolia*

우리나라 중부 이북에서 자라는 흔치 않은 나무입니다. 미호강 수
계에서는 유일하게 청주시 관내의 것대산 산자락에 있는 한 사찰 주
변에 자생합니다. 5월에 흰색의 꽃을 피우는데 꽃과 열매가 매우 인
상적입니다.

꽃잎이 매우 인상적인 가침박달

가침박달

미호강 수계인 충청북도 청주
무심천 상류의 고란초 군락지

고란초

■ 고란초(약관심종)/*Crypsinus hastatus*

늘푸른 여러해살이풀로 충남 부여의 금강 옆에 자리한 고란사 경내
에서 발견돼 고란초라는 이름이 붙여졌습니다. 미호강 수계에서는 지
류인 청주 무심천 상류의 한 절벽에 비교적 많은 개체가 군락을 이루
고 있어 보호가 시급합니다.

■ 구상난풀(약관심종)/*Monotropa hypopithys*

난풀이란 이름은 난초와 비슷하나 난초는
아니고, 그렇다고 완전한 풀도 아니어서 붙여
진 애매모호한 이름입니다. 실물을 보아도 보
면 볼수록 묘하게 생긴 식물이란 느낌을 받습
니다. 미호강 수계에서는 진천군 관내의 산지
에서 소수 개체가 관찰됩니다.

볼수록 묘한 식물 구상난풀

■ 물질경이(약관심종)/*Ottelia alismoides*

한해살이풀로 주로 하천
변의 습지나 정체된 수역에
서 자랍니다. 이파리가 길가
에 많이 나는 질경이를 닮았
으나 물에 잠겨 자라는 특징
이 있습니다. 미호강에서는
청주 무심천 상류와 진천군
관내에서 소수 개체가 관찰
됩니다.

'물속의 질경이' 물질경이의 꽃

가시연꽃, 흑삼릉, 물질경이

■ 사철란(약관심종)/*Goodyera schlechtendaliana*

늘푸른 여러해살이풀로 주로 숲속의 반그늘에서 자랍니다. 식물 높
이가 10~20cm 정도로 비교
적 작은 편인 데다 꽃도 앙
증맞고 아름답게 피어 불법
채집의 대상이 되고 있습니
다. 미호강 수계에서는 청주
시, 진천군, 증평군 관내의
소나무 숲에서 군락 형태로
관찰됩니다.

앙증맞게 핀 사철란 꽃

사철란

▪ 새박(약관심종)/*Melothria japonica*

하천변의 풀밭에서 자라는 덩굴성 한해살이풀입니다. 새박이란 이

름은 새알처럼 생긴 아주 작은 박이라는 뜻에서 붙여졌습니다. 실제로 보아도 꽃과 열매가 매우 작습니다. 미호강 수계에서는 청주시 관내의 무심천변과 미호강변에서 관찰됩니다.

'새알처럼 아주 작은 박'이 달린 새박

▪ 쥐방울덩굴(약관심종)/*Aristolochia contorta*

덩굴성 여러해살이풀로 미호강 본류와 각 지류의 제방에서 주로 관찰됩니다. 7월~8월에 독특하게 생긴 꽃을 피우고 열매는 10월에 맺

습니다. 우리나라와 일본, 중국이 원산지입니다. 군락지를 이루는 경우가 많으며 꼬리명주나비와 사향제비나비의 먹이식물로 생태적 가치가 높습니다.

꼬리명주나비와 사향제비나비의 먹이식물 '쥐방울덩굴'

■ 히어리(약관심종)/*Corylopsis gotoana var. coreana*

봄의 길목에서 다른 나무보다 이르게 꽃망울을 터뜨리는 '봄의 전령사' 중의 하나입니다. 일제강점기인 1924년 지리산, 조계산, 백운산 일대에서 처음 찾아내 학명에 'coreana'가 붙었습니다. 히어리란 이름은 발견 당시 해당 지역 사람들이 부르던 이름을 그대로 국명으로 삼은 것으로 전해집니다. 미호강 수계에서는 진천군 관내에서 관찰되는데 외지로부터 옮겨 심은 것으로 추정됩니다.

'봄의 전령' 히어리

천마, 구상난풀, 새박, 쥐방울덩굴, 히어리

세계가 주목하는 특이생물

■ 청주 무심천 상류의 이끼도롱뇽/*Karsenia koreana*

아시아 대륙에서 유일하게 남한에만 서식하는 미주도롱뇽과의 도롱뇽입니다. 미주도롱뇽과의 도롱뇽은 본래 북미와 중미 대륙, 유럽의 일부 지역(이탈리아 북부)에만 서식, 분포하는 것으로 알려져 있었으나 2001년 대전의 장태산에서 미주도롱뇽과의 한 종인 이끼도롱뇽이 발견됨으로써 아시아 지역에서도 서식하고 있음이 처음으로 밝혀졌습니다. 이 종은 특히 대륙이동설과 생물 이동을 밝힐 수 있는 중요한 동물로서 가치를 높게 평가받고 있습니다. 이끼도롱뇽은 허파가 없어 피부호흡을 하는 것이 가장 큰 종 특성입니다.

이끼도롱뇽 어린 개체

국내 첫 발견

2001년 4월 대전국제학교 과학교사였던 스티픈 카슨(Stephen J.

Karsen)이 금강 갑천 수계의 대전 장태산에서 학생들과 야외 관찰학습 중 처음으로 발견해 세상에 알려지게 되었습니다. 이후 한미학자들의 공동연구로 2005년 신종 발표됐으며 과학잡지 네이처에 소개되면서 전 세계 생물지리학계의 뜨거운 이슈로 떠올랐습니다. 대전 장태산에서 처음 발견한 이후 지금까지 미호강 수계인 충청북도 청주 무심천 상류를 비롯해 모두 20여 곳에서 이끼도롱뇽이 발견되었습니다. 학자들은 국내에서 더 많은 서식지가 밝혀질 것으로 내다보고 있으나 발견되는 서식지마다 규모가 작고 개체수도 극히 빈약해 '긴급 보호대책' 마련이 필요하다고 주장합니다.

미호강 무심천 상류 발견

미호강 수계인 충청북도 청주 무심천 상류에서 이끼도롱뇽을 처음 찾은 것은 2008년 8월 1일 지역의 환경생태 분야 활동가인 권기윤

청주 무심천 상류에서 발견될 당시의 이끼도롱뇽(권기윤 씨 제공)

씨(생태교육연구소 '터' 회원)였습니다. 권 씨는 당시 무심천 발원지와 가까운 탑선골(청주시 상당구 가덕면 내암리)이라는 계곡에서 이끼도롱뇽을 발견해 지역 언론 등에 알렸습니다.

소식을 접한 지역 환경단체와 언론은 세계적인 생물종인 이끼도롱뇽을 서둘러 보호해야 한다며 목소리를 높이는 한편 지방자치단체와 정부의 관계 부처를 향해서는 특단의 대책 마련을 촉구했습니다.

하지만 발견된 지 14년이 넘은 2022년 9월 현재까지 청주 무심천 상류의 이끼도롱뇽에 대한 보호 대책은 마련되지 않은 채 환경단체와 언론의 관심도 서서히 식어가고 있습니다.

여전히 '수수께끼'인 도롱뇽

2001년 4월 국내 첫 발견 이후 이끼도롱뇽에 관한 학자들의 연구 노력으로 그동안 베일에 가려져 있던 상당 부분이 밝혀진 상태입니다. 하지만 이끼도롱뇽이 어느 시기에 어떻게 짝짓기를 하고 알을 낳

이끼도롱뇽의 알(문광연 씨 제공)

아 번식하는지 구체적인 번식 기작을 포함한 기본적인 생활사마저도 완전히 밝혀내지 못하는 등 여전히 '의문투성이의 도롱뇽'으로 남아 있습니다. 이런 가운데 대전의 한 전문가가 집념을 가지고 관찰실험을 진행해 학계 처음으로 이끼도롱뇽의 알을 확인하는 결과를 얻었습니다.

한국양서파충류학회 이사로 활동하고 있는 문광연 씨가 주인공으로, 그는 관찰실험을 통해 '이끼도롱뇽은 지름이 약 5mm인 흰색 혹은 노란색의 알을 서식지의 돌 밑에 붙여서 낳는다'는 소중한 사실을 알아냈습니다. 문 이사는 '작지만 세계적인 미호강' 프로젝트에도 자문위원으로 참여해 이끼도롱뇽의 서식 실태 조사를 진행하는 등 많은 도움을 주었습니다.

특히 미호강 수계인 무심천 최상류 지역에서는 이끼도롱뇽의 서식 환경에 큰 영향을 미칠 수 있는 벌목과 피서철의 취사 행위가 여전히 사라지지 않아 서식지 보전에 큰 걸림돌이 되고 있음을 확인했습니

문광연 한국양서파충류학회 이사가 이끼도롱뇽을 찾고 있는 모습

다. 아울러 무심천 최상류의 이끼도롱뇽 서식 개체수는 2022년 9월 현재 명목만 근근이 이어갈 정도로 극히 빈약한 상태임을 확인했습니다.

문 이사는 "이끼도롱뇽은 허파 없이 피부로 호흡하는 특이한 동물이기 때문에 조그만 환경변화에도 매우 민감하게 반응합니다"라며 "서식지 주변의 벌목 작업 등 서식 환경을 파괴하는 행위가 멈추지 않는 한 이끼도롱뇽의 앞날은 어두울 수밖에 없습니다"라고 경고합니다.

주목받는 조류 도래·서식지

■ 미호강의 황오리 도래지(월동지)

미호강 하면 떠오르는 겨울 철새가 있습니다. 황오리입니다. 황오리는 이름에서도 느껴지듯이 선명한 주황색의 몸빛깔이 특징인 오리과의 대형종입니다. 몽골, 중국 북부, 러시아 등지에서 번식하고 한국, 일본, 중국 남부 등에서 겨울을 납니다.

한국에는 해마다 겨울이면 2천 마리 가량이 찾아오는 '흔하지 않은 겨울 철새'로 경기도는 지난 2012년 5월 보호종으로 지정해 보호하고 있습니다. 국제자연보전연맹(IUCN)은 황오리를 최소관심종(LC)으로 분류하고 있습니다. 우리나라를 찾는 황오리의 대부분이 김포

미호강을 대표하는 겨울 철새 '황오리'

2022년 1~2월 하루 최대 1천2백 마리가 관찰됐을 당시 한 장소에서 촬영된 황오리들의 모습

한강 하구와 미호강에서 겨울을 날 정도로 두 곳은 황오리의 주요 월동지입니다.

특히 관심을 끄는 것은 미호강을 찾는 황오리의 숫자가 해가 갈수록 많아지고 있다는 점입니다. 해마다 거의 절반씩 두 월동지로 나뉘어 찾아오던 것이 최근 들어 미호강 쪽으로 더 많은 개체가 찾아오고 있습니다. 특히 2022년 1월~2월에는 하루에 1천2백 마리까지 확인돼 가장 많은 숫자를 기록했습니다. 한 해에 2천 마리 가량이 우리나라를 찾아오는 것을 감안하면 60%에 해당하는 숫자입니다.

미호강에서 황오리가 집중 관찰되는 지역은 청주 무심천과 미호강이 만나는 합수부를 중심으로 상, 하류 약 3~4km 구간입니다. 그 외에는 미호강과 금강이 만나는 세종시 관내 합강리 부근에서 상당수가 관찰되고 있습니다. 다시 강조하건대 황오리와 관련해 미호강이 국제적으로 관심 대상이 되는 것은 미호강이 황오리의 주요 월동지로서 그들의 안녕과 매우 깊은 관련이 있기 때문입니다. 번식지와 중간

미호강을 찾은 황오리들이
먹이터를 향해 나는 모습

기착지에서의 안녕도 중요하지만, 1년 중 가장 거친 환경과 맞서야 하는 겨울 기간 동안 월동지에서 어떻게 생활하느냐에 따라 그들의 건강이 크게 좌우될 수 있기 때문입니다.

■ 청주 송절동 백로 서식지(번식지)

충청북도 청주시 관내의 미호강과 무심천이 만나는 합수부 인근에는 매우 중요한 백로 서식지가 있습니다.

충청북도 청주 송절동 백로
서식지 전경

청주시 흥덕구 송절동 산97-2번지 일원에 위치한 이 백로 서식지는 면적이 8천㎡로 미호강 수계 내에서 가장 규모가 크고 서식 개체 수도 많습니다.

해마다 봄철 번식기가 되면 왜가리, 중대백로, 중백로, 쇠백로, 황로, 댕기해오라기 등 각종 백로과 새 수백 마리가 찾아와 둥지를 틀고 새끼 번식에 들어갑니다. 새끼가 알에서 깨어나 한창 자라는 7월~8월이면 백로 가족이 천여 마리로 불어나 더욱 장관을 이룹니다. 다른 백로 서식지들은 갈수록 개체수가 줄어드는 반면 이 서식지는 오히려 찾아오는 개체수가 늘고 있어 대조를 보입니다.

그 이유 중의 하나는 청주 시내에 위치하던 소규모 서식지가 인근 주민들의 민원으로 둥지 나무가 송두리째 베어지는 수난을 겪자 모두 이곳 서식지로 옮겨와 둥지를 틀기 때문입니다. 다음 이유는 인근에 먹잇감이 풍부한 배후습지가 광활하게 펼쳐져 있기 때문입니다. 바로 지척에는 무심천과 미호강이 흐르고 있고 하천 주변에는 평야

청주 송절동 백로 서식지는 미호강과 무심천의 합수부 인근에 위치(녹색 원내)하고 있습니다.

지대가 이어집니다. 백로 번식지로서는 천혜의 조건을 갖추고 있습니다.

2001년에는 충북도가 '충북의 자연환경명소 100선'으로 지정했고 청주시는 2010년 안내판을 세워 백로 번식에 방해가 되지 않도록 출입을 자제해 줄 것을 시민들에게 당부하기도 했습니다. 하지만 이곳도 산업단지와 택지 개발이라는 거센 물결에 밀려 졸지에 '인간과의 불편한 동거'를 하면서 천덕꾸러기 취급을 받고 있습니다.

2016년 이 백로 서식지로부터 가까운 곳에 아파트 단지가 들어서면서 주민들의 민원 대상이 되고 있습니다. 특히 백로류 새끼들이 부화해 성장하는 과정에서 발생하는 요란한 소음과 배설물 악취로 인해 주민들의 원성은 해가 갈수록 높아지고 있습니다. 이곳 백로 서식지는 사실 이같은 상황만 아니라면 천연기념물 지정 촉구 등 오히려 보호 대책 마련을 지자체와 당국에 촉구해야 할 대상입니다.

특히 미호강 수계 내에 위치한 '진천 노원리 왜가리 번식지(천연기

아파트 단지와 인접한 곳에
둥지를 튼 중백로 가족

어미 왜가리가 새끼(오른쪽)에게 먹
이를 주는 장면

중백로의 먹이주기 장면

쇠백로의 먹이주기 장면

황로의 먹이주기 장면

넘물)'가 오래 전부터 백로과 새들이 전혀 찾아오지 않는 '이름뿐인 천연기념물'인 점을 감안하면 하루라도 빨리 천연기념물로 지정 보호해야 할 판입니다.

관련 학자들은 "지금까지 해왔던 '둥지 나무 베기'와 같은 강제력에 의한 내쫓기식의 해법이 아닌, 보다 슬기로운 공존 방식을 모색해 사람도 살고 자연도 살아가는 롤 모델이 되도록 해 줄 것"을 바라고 있습니다.

멸종위기 야생생물

멸종위기 야생생물이란 멸종위기에 있거나 가까운 장래에 멸종위기의 우려가 있는 야생생물을 말하며 환경부에서 지정합니다. 멸종위기 야생생물 Ⅰ급은 자연적 또는 인위적 요인으로 그 개체수가 급격히 줄어들어 멸종할 수 있는 야생생물을 말하며 멸종위기 야생생물 Ⅱ급은 자연적 또는 인위적 요인으로 그 개체수가 급격히 줄어들어 위협요인이 해결되지 않으면 가까운 미래에 멸종할 수 있는 야생생물을 말합니다. 멸종위기 야생생물들은 5년마다 '전국 분포조사'를 실시하는 등 정부의 관리를 받습니다. 현재 미호종개, 호랑이, 황새 등 총 260여 종의 생물들이 지정되어 있습니다.

세계적인 미호강에도 변화의 바람이 불고 있습니다. 예전에 많이 관찰되던 생물종이 최근 들어 개체수가 눈에 띄게 줄어든 경우도 있고 아예 모습을 감춘 종도 적지 않습니다. 반대로 과거에는 보이지 않았던 생물종이 언제부터인가 모습을 드러내 지금은 아예 주요 생물종으로 자리 잡고 산다든가 점점 세력을 늘려가고 있는 종도 있습니다. 우리나라의 다른 지역으로부터 들어오는 경우도 있고 외국으로부터 들어오는 생물도 있습니다. 기후가 변하고 있는 데다 교통수단이 빠르게 발달하고 그에 따른 사람과 물자의 교류가 늘어나면서 생겨난 부수적인 불똥이 자연 생태계로 튀어 나타나는 현상으로 이해됩니다.

제5장

미호강이 품은
생명들

생태와 생태계

미호강의 생태를 알려면 우선 생태가 무엇인지를 알아야 합니다. 생태란 무엇일까요. 어렵고 복잡할 것 같아도 그렇지 않습니다. 강의 생태를 표현한 다음 사진을 예로 들어 설명해 보겠습니다. 이 사진의 물속에는 원으로 표시한 돌고기(잉어과의 민물고기)를 비롯해 여러 종의 물고기가 함께 생활하고 있습니다. 이 장면 자체가 생태입니다. 다시 말해 이 사진 안의 물고기들처럼 '여러 생물이 살아가는 모양이나

상태'가 바로 생태입니다. 여기에 더해 생각해야 할 것은 이들 물고기가 사는 환경 공간입니다. 환경 공간이 하천이면 하천 생태, 호수나 저수지이면 호소 생태라고 부릅니다.

위의 사진에서 물고기들이 각각 물에서 떨어져 나와 별개로 있다고 가정해 보겠습니다. 그런 경우엔 각 물고기는 단순히 하나의 생물 종으로서의 물고기일 뿐입니다. 그런데 이 물고기들이 어떤 환경 공간, 예를 들어 하천이나 호수 안으로 들어가 생활하게 되면 그때부터 '생태'를 이루는 일원이 되며, 이처럼 환경적 공간 안에서 생명체가 어우러져 살아가는 모습이나 상태를 생태라 일컫는 것입니다. 여기서 더 나아가 생태계란, 하천 생태계와 호소 생태계처럼 하천 또는 호소라는 생태적 단위를 바탕으로 형성된 생태를 하나의 시스템으로 이해하는 개념입니다. 생태계를 영어로 'ecosystem'이라고 하는 이유입니다.

생태 개념에서 중요한 것은 각 요소 간의 유기적 관계입니다. 여기서 유기적 관계란 '생물체와 같이 조직이나 구성 요소 등이 서로 긴밀하게 연관되어 떼어 낼 수 없는 관계'를 말합니다. 앞의 사진에서 각각의 물고기들은 홀로 생활하는 것이 아니라 다른 물고기들과 유기

해질 무렵 미호강에서 먹이를 잡아먹고 있는 왜가리. 미호강 생태계에서 새는 이처럼 물고기 등을 잡아먹음으로써 높은 단계의 소비자 역할을 하고 있습니다.

적 관계를 유지하면서 살아갑니다. 생명체와 환경과의 관계도 마찬가지입니다. 환경과 물고기가 서로 관계가 없는 별개의 것이 아니라 서로 작용하고 영향을 미치는 상호관계에 있습니다. 물 환경이 나빠지면 물고기가 영향을 받게 되고 반대로 물고기 수가 너무 많이 불어나면 물 환경이 나빠지는 상황을 생각하면 이해가 쉽습니다. 생태계에서 중요한 개념인 먹이사슬(생물 간 먹고 먹히는 관계. 먹이연쇄라고도 함)과 먹이그물(먹이사슬들이 그물처럼 얽혀 있는 관계)도 생명체들 사이의 유기적 관계에 해당합니다.

그럼 먹이사슬과 생물과의 관계를 살펴보겠습니다.

생태계에서 먹이사슬을 이루는 생물은 주로 생산자와 소비자로 나눕니다. 생산자는 비생물적 환경요인(물, 흙, 공기, 햇빛 등 무기물)으로부터 영양을 만들어내는 역할을 하는 생물로 주로 식물이 해당합니다. 여기에서 무기물은 유기물의 반대되는 말로, 이 둘의 구분은 기가 없느냐(無機) 있느냐(有機)의 차이에 있습니다. 기(機)는 탄소(C)를 가진 탄소화합물로 대부분 생명체가 가지고 있거나 만들어내기 때문에 그 자체를 생명 또는 생물로 이해하는 경향이 있습니다. 무기물은 탄소화합물이 없다는 뜻(無機)이므로 '비생명, 비생물적인 것'을 뜻하는 반면 유기물은 탄소화합물이 있다는 뜻(有機)이므로 '생명, 생물적인 것'을 뜻한다고 보는 것입니다.

다시 돌아와 소비자는 생산자 혹은 소비자로부터 영양을 얻어서 살아나가는 생물로 생산자로부터 직접 영양을 얻는 개체를 1차 소비자라 하고 1차 소비자로부터 영양을 얻는 개체를 2차 소비자, 2차 소비자로부터 영양을 얻는 개체를 3차 소비자라고 부릅니다. 2차 이상의 소비자를 높은 단계의 소비자란 뜻에서 고차 소비자라고 합니다.

또 생태계에는 생산자와 소비자 외에도 분해자가 존재합니다. 주로 세균과 버섯이 해당하며 이들은 죽은 생물을 분해해 양분을 얻습니다. 분해자가 만든 양분은 다시 생산자가 먹습니다. 이런 과정을 통해 결국 물질은 순환하게 되는 것입니다. 이를 정리하면, 생물에게 필요한 모든 물질은 비 생물적인 환경으로부터 생산자를 통해 생태계 안으로 들어오고 생태계 안의 먹이사슬을 통해 소비자로 옮겨가며 분해자에 의해 다시 생물적인 환경으로 되돌아갑니다. 이 과정이 곧 물질순환이자 생태계가 유지되는 근본 원리입니다.

미호강 수역은 물이 흐르는 하천 지역과 농업 활동이 이뤄지는 농경 지역, 사람과 주택이 모여있는 도시 지역, 강을 전체적으로 감싸고 있는 산지 지역 등으로 구성되어 있습니다. 미호강의 생태는 이들 지

미호강과 지류인 무심천 주변의 전경. 미호강 수역이 하천 지역과 농경 지역, 도시 지역, 산지 지역으로 구성되어 있음을 보여줍니다.

역을 바탕으로 다양한 모습과 실상을 보이고 있습니다. 본류와 지류를 중심으로 한 하천 생태와 그 외의 지역을 바탕으로 한 육상 생태가 어우러져 더욱 복합적인 모양과 상태를 보입니다. 강의 생태라고 해서 하천 중심의 생태만 중요한 게 아닙니다. 하천 외의 지역과 관계된 육상 생태도 중요합니다. 반쪽짜리 생태가 아닌, 온전한 생태를 이해하기 위해서는 하천 생태와 육상 생태를 함께 들여다보는 종합적인 관점과 시각이 필요다는 말입니다.

미호강에도 변화의 바람이…

세계적인 미호강에도 변화의 바람이 불고 있습니다.

예전에 많이 관찰되던 생물종이 최근 들어 개체수가 눈에 띄게 줄어든 경우도 있고 아예 모습을 감춘 종도 적지 않습니다. 반대로 과거에는 보이지 않았던 생물종이 언제부터인가 모습을 드러내 지금은 아예 주요 생물종으로 자리 잡고 산다든가 점점 세력을 늘려나가고

미호강 수계인 충청북도 청주 무심천 상류의 단풍돼지풀(단풍잎돼지풀) 군락. 과거에 없던 식물이 유입되어 빠른 속도로 번성하면서 기존의 식물생태계를 뒤흔들고 있는 대표적인 생태교란 귀화식물입니다.

있는 종도 있습니다. 우리나라의 다른 지역으로부터 들어오는 경우도 있고 외국으로부터 들어오는 생물도 있습니다. 기후가 변하고 있는 데다 교통수단이 빠르게 발달하고 그에 따른 사람과 물자의 교류가 늘어나면서 생겨난 부수적인 불똥이 자연 생태계로 튀어 나타나는 현상으로 이해됩니다.

생태계는 변하기 마련입니다. 살아있는 생명체와 환경 간의 유기적인 관계가 생태계의 본질인 이상 변할 수밖에 없는 존재입니다. 하지만 문제는 이 같은 변화들이 '생태계의 좋지 않은 조짐'을 보여준다는 데 있습니다. 오늘날 생태계에 나타나는 대부분의 변화가 생물종이 사라지거나 개체수가 줄어드는 경우인 점을 감안하면 더더욱 그렇습니다. 없던 종이 새롭게 생겨난 경우에도 기존 생태계에 나쁜 영향을 끼치는 경우가 많습니다. 외국으로부터 들어온 귀화식물, 외래동식물의 사례에서 이미 많은 문제점이 드러나 있는 상태입니다.

이번 편에서는 이러한 변화의 압박을 받고 있는 미호강의 생태를 이해하는 데 도움이 되도록 미호강 수역에서 자라고 있거나 관찰되는 각종 동식물을 분야별로 소개하려 합니다. 미호강의 품 안에서 만날 수 있는 이들 동식물은, 극히 일부이긴 하지만, 미호강 생태의 현주소를 들여다볼 수 있는 소중한 생명체들입니다.

어류

　　미호강의 생태에서 어류는 미호강 수계에서 살고 있는 민물고기(보통 물고기라고 부릅니다. 이하 '물고기') 를 뜻합니다. 물고기는 하천 생태계에서 소비자 역할을 합니다. 물속의 생산자로는 수생식물인 수초와 부유성 식물플랑크톤 등이 있습니다. 이들을 먹이로 하는 낮은 단계의 소비자(저차 소비자)가 동물플랑크톤, 수서곤충, 민물조개 등입니다. 이어 이들을 먹고 사는 높은 단계의 소비자(고차 소비자)가 바로 물고기입니다. 미호강이 하천이라는 점에서 그 안에 살고 있는 물고기 종류, 즉 어류상은 그 의미가 큽니다. 어류목록이라고도 부르는 어류상은 '특정 수역에서 살고 있는 모든 물고기의 종류'를 뜻합니다. 어류상

미호강에서 사라진 물고기 '뱀장어'. 금강 하구둑이 생겨나기 전 금강 하구에서 찍은 실뱀장어(어린 뱀장어) 모습으로 하구둑 건설 이후 강 상류로의 이동이 끊기면서 사라져간 물고기 중 하나입니다.

은 하천 생태계의 민낯이라고 해도 과언이 아닙니다. 이를 통해 하천 생태계의 속내를 훤히 들여다볼 수 있기 때문입니다.

어류상은 단순히 서식 물고기 종을 나열하는 것에 그치지 않고 그들이 살고 있는 '생태계의 변화'를 읽을 수 있는 단서를 품고 있습니다. 어느 하천 생태계의 변화를 읽으려면 그 하천의 어류상부터 들여다보라는 말이 있습니다. 그만큼 어류상은 하천 생태계에서 중요한 개념입니다. 특히 미호강의 시대별 어류상은 더더욱 중요합니다. 어류상의 시대별 변화를 통해 생태계 변화의 실상을 이해할 수 있기 때문입니다. 미호강에는 어떤 변화가 오고 있고 그 변화의 빠르기와 세기는 어떠한지를 피부로 느낄 수 있습니다. 미호강 생태계에 찾아오고 있는 변화의 실체는 무엇이고 그 변화는 얼마만큼의 빠르기와 세기로 찾아오고 있는지를 살펴보기 위해 그동안 발표된 전문가들의 연구논문을 살펴보았습니다.

미호강의 어류상과 그 변화를 들여다볼 수 있는 주요 연구논문으로는 3개의 논문을 들 수 있습니다.

1983년 3월의 '미호천의 담수어류상에 관한 연구(손영목 청주사범대학교 교수)'와 2005년 발표된 '미호천의 어류상과 어류군집 동태(손영목 청주사범대학교 교수·변화근 강원대학교 환경연구소)', 2020년 8월 발표된 '미호천의 어류군집과 하천건강성 평가(박현수 충북생물다양성보전협회 사무처장)' 등입니다.

이들 논문 내용 중 특히 관심을 끄는 부분은 조사가 이뤄질 때마다 미호강의 물고기 목록, 즉 어류상에서 사라지는 물고기가 여러 종 나타나고 있다는 점입니다. 예를 들어 손영목, 변화근 박사가 실시한 연구(2005년)에 따르면 조사지점이 같았던 직전 연구(1983년)에서는 확인되었던 다묵장어, 뱀장어, 큰납지리, 쉬리, 감돌고기, 흰수마자, 쌀미꾸리, 눈동자개, 드렁허리 등 9종이 관찰되지 않았습니다. 이들 중 특히 쉬리, 감돌고기, 흰수마자, 눈동자개는 물 환경이 나빠져 미호천 수계에서 절멸(종 자체는 멸종되지 않았으나 미호천에서는 모습을 감춘 상태) 가능성이 높다고 추정했습니다. 또 1991년 조사(손영목 박사)에서 출현했던 미호종개도 확인되지 않아 연구자들은 "이는 크게 주목할 일이며 세밀한 조사를 통해 확인할 필요가 있다"고 기록했습니다.

손영목, 변화근 박사는 또 당시 연구를 통해 1983년 연구에서 확인되지 않았던 떡붕어, 대륙송사리, 블루길, 큰입배스, 민물검정망둑, 가물치 등 6종을 새롭게 발견해냈습니다. 이 중 떡붕어, 블루길, 큰입배스 등은 외국에서 들여온 종으로 1982년 이후부터 유입돼 살기 시작한 것으로 추정했습니다. 비교적 최근에 이뤄진 박현수 충북생물다양성보전협회 사무처장의 조사에 의하면 2005년도 조사(손영목, 변화근 박사)에서 확인됐던 왜몰개, 칼납자루, 참중고기, 대농갱이, 자가사리, 가물치 등 6종이 확인되지 않았습니다. 새로 확인된 어종은 큰납지리, 강준치, 흰줄납줄개, 참몰개, 미호종개, 빙어, 갈문망둑 등 7종이었습니다.

이들 조사 연구를 종합해 보면 다묵장어, 뱀장어, 쉬리, 감돌고기,

눈동자개는 2005년 이전에 이미 미호강에서 자취를 감췄고 자가사리는 2005년 이후에 사라진 것으로 여겨집니다. 다행히도 2005년도 조사 이후 서식 여부가 뚜렷하지 않았던 미호종개가 2018년 4월~8월 조사에서 서식이 확인된 데 이어 최근 미호강 중하류에서 잇따라 발견돼 희소식을 전했습니다. 이와 함께 2004~2005년도 조사와 2018년 조사에서 잇따라 발견되지 않아 미호강에서의 절멸이 우려됐던 흰수마자가 최근 미호강 중하류에서 다시 발견돼 학계의 관심을 끌었습니다.

2005년을 전후해 사라진 어종들

■ 다묵장어/*Lethenteron reissneri*

학자들의 조사 결과 2005년 이전에 이미 미호강에서 자취를 감춘 것으로 나타난 다묵장어는 칠성장어과로 유생 시기와 변태를 거쳐

성어가 되는 것으로 알려져 있습니다.(사진제공 : 성무성 순천향대학교 연구원)

■ 쉬리/*Coreoleuciscus splendidus*

물이 맑고 깨끗하며 바닥에 자갈이 많이 깔린 여울을 선호하는 쉬

리. 미호강에서의 서식
환경 변화가 쉬리를 사
라지게 하는 가장 큰 원
인입니다. 미호강에서는
2005년에 사라진 것으
로 추정됩니다.

■ 감돌고기/*Pseudopungtungia nigra*

돌고기와 비슷하게 생겼으나 등지느러미와 배지느러미, 꼬리지느

러미에 검은 띠가 있습니다. 서식 환경 변화에 민감해 미호강에서는

2000년대 초 무렵에 모습을 감춘 것으로 추정됩니다. 감돌고기는 현

재 멸종위기 야생생물
1급으로 지정되어 있어
아쉬움을 더합니다. (사
진제공 : 홍영표 박사. 자문
위원)

■ 자가사리/*Liobagrus mediadiposalis*

물이 맑고 바닥에 돌이 많은 하천 상류의 여울을 좋아하며 야행성입니다. 미호강에서는 2005년 이후 사라진 것으로 추정됩니다.

2005년 이후 서식 및 개체수가 불안정해진 어종

■ 미호종개/*Cobitis choii*

2005년 이후 서식 여부가 불투명하다가 최근 조사에서 잇따라 발견되고 있는 미호종개. 천연기념물이자 멸종위기 야생생물 I급입니다.

■ 흰수마자/*Gobiobotia nakdongensis*

미호종개와 서식 환경이 거의 비슷해 함께 출현하는 경우가 많았던

흰수마자. 조사에 따라 확
인이 안 되는 경우가 더 많
을 정도로 절멸 직전에 놓
여 있습니다.

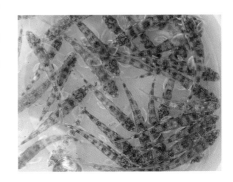

■ 드렁허리/*Monopterus albus*

1983년 조사 연구에서 확인된 후 2005년 조사 연구부터 확인되지
않고 있는 드렁허리. 가뭄이 들면 진흙 속에 굴을 만들고 들어가 생

활하는 등 생명력이 강하
지만 미호강에서 점차 사
라져 가는 물고기가 되었
습니다. (사진제공 : 홍영표
박사, 자문위원)

▪ 잉어/*Cyprinus carpio*

5~7월 산란 성기를 맞아 암수컷의 잉어들이 떼 지어 다니며 산란행동을 하는 모습을 볼 수 있습니다. 1m 이상 자라는 대형 어종에 속합니다.

▪ 붕어/*Carassius auratus*

잉어와 함께 환경 적응력이 높아 대부분의 수계에 서식하는 터줏대감 격의 어류입니다. 토종 붕어를 참붕어로 부르는 경우가 있는데 참붕어는 별도의 어종입니다.

붕어

■ 납지리/*Acheilognathus rhombeus*

몸빛이 금속광택을 띠는 은백색이며 몸 옆면 가운데 부분에는 암청색의 세로 줄무늬가 뚜렷한 게 특징입니다.

■ 참붕어/*Pseudorasbora parva*

붕어라는 이름이 붙었으나 붕어와는 생김새와 크기가 많이 다릅니다. 하지만 우리나라 대부분의 담수역에 분포할 정도로 서식 범위가 넓습니다.

■ 돌고기/*Pungtungia herzi*

1872년 한국의 민물고기로는 처음으로 세계 어류학계에 알려진 '의미 있는 물고기'입니다. 학명은 한국의 풍중이란 곳에서

헤르첸슈타인이 처음 확인한 물고기란 뜻을 담고 있습니다. 원 안의 물고기가 돌고기입니다.

■ 참중고기/*Sarcocheilichthys variegatus wakiyae*

물이 맑고 깨끗한 하천의 중상류에 살며 작은 소리에도 민감해 수초나 돌 밑에 잘 숨습니다. 2004~2005년 조사에서 확인됐으나 2018년 조사에서는 발견되지 않았습니다. (사진제공 : 김용휘 순천향대학교 박사후 연구원)

■ 누치/*Hemibarbus labeo*

주둥이가 길고 위턱이 아래턱보다 길어 입이 아래를 향합니다. 잉어처럼 생겼으나 잉어보다는 몸 전체가 날렵하게 생겼습니다. 보통 20~30cm 크기이나 50cm까지 자라는 개체도 있습니다.

■ 모래무지/*Pseudogobio esocinus*

이름에서 느껴지듯이 모래 속을 파고들어 숨는 습성이 있습니다. 먹이를 먹을 때에도 먹잇감을 모래와 함께 삼킨 후 아가미를 통해 모래는 내뿜고 먹이만 골라 먹습니다.

■ 버들치/*Rhynchocypris oxycephalus*

수온이 비교적 차가운 수역을 선호해 산간 계류나 강 상류에 살며 무리 지어 생활하는 습성이 있습니다. 미호강 수계에서도 각 지류의 상류를 중심으로 관찰됩니다.

■ 참갈겨니/Zacco koreanus

한국 고유종으로, 2005년 신종 발표되기 전까지 현재의 갈겨니와 구분하지 않고 같은 종으로 분류했습니다. 갈겨니

는 눈동자 위쪽이 붉은색을 띠나 참갈겨니는 검은색을 띱니다.

■ 피라미/*Zacco platypus*

번식기의 수컷 피라미 모습
(오른쪽 붉은 눈을 가진 개체). 번
식기를 맞은 피라미 수컷은 주
둥이와 뺨에 딱딱한 돌기가 돋
고 뒷지느러미도 커집니다. 옆
의 물고기는 번식기의 참갈겨니 수컷입니다.

■ 참종개/*Iksookimia koreensis*

물이 비교적 맑고 유속이 빠
르며 자갈이 많이 깔린 하천의
중상류에 주로 서식합니다. 학
명에 나타나 있듯이 김익수 박
사(전북대학교 명예교수)가 신종
발표한 고유종입니다.

■ 점줄종개/*Cobitis nalbanti*

그동안 학명이 Cobitis lutheri로 알려져 있었으나 2016년 Cobitis
nalbanti라는 신종으로 보고되었습니다. 미호강에서는 참종개, 미호

종개와 함께 발견되는 경우
가 많아 동서종 관계로 알려
져 있습니다.

미호강의 삼총사 : 미호종개 점줄종개 참종개

■ 대농갱이/*Leiocassis ussuriensis*

동자개과 어류로 하천 중·하류의 바닥에 모래와 진흙, 자갈이 깔
린 곳을 선호합니다. 참중고
기와 함께 2004년~2005년
조사에서는 확인됐으나 2018
년 조사에서는 발견되지 않
았습니다.

■ 미유기/*Silurus microdorsalis*

물이 비교적 맑고 깨끗하
며 자갈, 바위가 많은 하천의
상류 계곡에 주로 삽니다. 메
기와 흡사하나 메기보다 몸
이 가늘고 작은 편입니다.

■ 대륙송사리/*Oryzias sinensis*

송사리와 같은 종으로 알려
져 왔으나 1989년 신종 발표돼
유사종 관계가 되었습니다. 손
영목 박사(서원대학교 명예교수)
에 의하면 미호강을 포함한 금
강 수계에 사는 송사리는 모두 대륙송사리입니다.

■ 쏘가리/*Siniperca scherzeri*

미호강에 사는 대표적인 육
식성 어종으로 물고기, 새우류
등을 주로 잡아먹습니다. 육식
성이어서 입이 크고 이빨이 날
카로우며 아래턱이 위턱보다
조금 깁니다.

■ 꺽지/*Coreoperca herzi*

서식 장소에 따라 다양한 보
호색을 띠는 게 특징입니다. 물
이 맑고 깨끗하며 바위와 자갈
이 많이 깔린 하천 중상류에서

주로 서식합니다.

▪ 파랑볼우럭(블루길)/*Lepomis macrochirus*

외래어종으로 미호강에는
1982년 이후에 유입된 것으
로 추정됩니다. 잡식성으로
토착 생태계에 심각한 영향을
주고 있어 생태계 교란 야생
동물로 지정되었습니다.

파랑볼우럭

▪ 큰입배스/*Micropterus salmoides*

큰입배스 역시 외래어종으로 1982년 이후 미호강에 유입된 것으
로 추정되며 크기는 60cm 이
상, 몸무게는 10kg 이상까지
자라는 대표적인 생태계 교란
야생동물입니다.

■ 얼록동사리/*Odontobutis interrupta*

유속이 완만한 하천의 중 하류에 서식하는 육식성 어종으로 주로 수서곤충과 새우류, 작은 물고기를 잡아먹습니다. 한국 고유종입니다.

■ 밀어/*Rhinogobius brunneus*

배지느러미 빨판을 가진 망둑어과의 민물 어류입니다. 배지러미 빨판은 돌에 몸을 붙여 부착 조류를 먹거나 쉴 때 이용합니다. 떼를 지어 이동하는 모습이 마치 밀알처럼 보인다고 하여 밀어란 이름이 붙은 것으로 전합니다.

■ 민물검정망둑/*Tridentiger brevispinis*

검정망둑과는 달리 염분이 없는 담수역에서만 서식한다고 하여 민물검정망둑이란 이름이 붙여졌습니다. 학자들은

대청호에 서식하는 개체가 농업용수 공급 시 물을 따라 유입된 것으로 추정합니다.

■ 버들붕어/*Macropodus ocellatus*

둥지를 틀어 산란하는 물고기로 유명한 버들붕어는 몸 빛깔도 예

쁘고 생김새도 독특하게 생겨 관상용으로 인기가 높습니다.

■ 가물치/*Channa argus*

가물치는 육식성 어종으로 작은 물고기, 개구리 등은 물론 같은 가물치끼리도 잡아먹는 카니발리즘(동족 포식)을 보이기도 합니다.

조류

　조류는 흔히 새라고 부르는 동물을 일컫습니다. 생태계 안에서 소비자 역할을 하는 중요한 구성 요소입니다. 미호강에는 여러 새들이 살거나 찾아옵니다. 사계절 내내 머물며 때가 되면 번식하는 텃새를 비롯해 여름과 겨울에 찾아와 일정 기간 머물다 돌아가는 여름 철새

미호강을 찾은 새들의 모습. 내륙에 위치한 미호강은 텃새 외에도 여러 철새들이 찾아와 머무는 '생태 현장'입니다.

와 겨울 철새를 만날 수 있습니다. 봄, 가을에 우리나라를 지나면서 미호강에 들렀다 가는 통과새(나그네새)도 있습니다.

미호강의 조류 생태에 관심 있는 많은 전문가들은 미호강 수계에서 관찰되는 새의 종류와 이동 유형이 예전에 비해 상당 부분 변했다고 입을 모으고 있습니다.

그중 하나가 독수리를 비롯한 맹금류 즉, 다른 동물을 잡아먹고 사는 육식성 새들의 출현 횟수가 눈에 띄게 많아졌다고 합니다. 여기에 더해 갈매기, 물떼새, 도요류 같은 바다새나 갯벌을 선호하는 새들의 출현 횟수와 종류도 많아지고 있습니다. 여름 철새인 밀화부리가 겨울에도 이동하지 않고 미호강변을 오가며 떼 지어 먹이활동을 하는 모습이 적지 않게 관찰되고 있습니다.

봄철에 날아와 여름에 새끼를 키우고 가을에 동남아 등으로 가서 겨울을 나던 새가 이동성(시기가 되면 이동하려는 성향)을 잃어가고 있는 것입니다. 비단 밀화부리뿐만이 아닙니다. 그동안 여름 철새였던 많은 새들이 이동 시기가 와도 이동하지 않는 사례가 한둘이 아닙니다.

이를 부추기는 원인 중의 하나로 기후 변화를 꼽을 수 있습니다. 기후가 예전에 비해 따뜻해짐에 따라 겨울이 와도 이동하지 않고 생활하는 개체들이 점점 많아지고 있는데, 이를 텃새화라고도 합니다. 텃새가 아닌 새들이 이동 시기가 와도 이동하지 않고 텃새처럼 행동하기에 생겨난 용어입니다. 철새의 텃새화 움직임은 미호강을 찾는 새들에게만 찾아오는 게 아닙니다.

우리나라를 포함한 세계적인 현상으로 받아들이고 있습니다. 철새들의 이동 유형에 변화가 오고 있는 사례 중 우리나라를 찾는 철새들의 주요 월동지가 변하는 사례도 있습니다. 오랜 기간 동안 어느 특정 지역에 많이 찾아오던 철새가 점차 다른 지역으로 월동지를 옮겨가는 사례입니다.

대표적인 새가 독수리입니다. 과거에는 비무장지대를 중심으로 겨울을 나던 것이 점차 경상남도 고성 등 남쪽 지역으로 월동지를 옮겨가는 경향을 보이고 있습니다. 2022년 1월엔 세계 최대의 독수리 월동지였던 경기도 파주시 민간인 출입 통제선 안의 장단반도에서 그동안 최대 천 마리 가량이 월동해 오던 독수리 떼가 어디론가 사라졌다는 언론 보도도 있었습니다.

이러한 철새 이동 유형의 변화는 미호강의 조류 생태에도 변화를 가져오고 있습니다. 무엇보다도 미호강을 찾는 독수리들의 숫자가 많아지고 있습니다. 독수리들이 미호강에서 겨울을 나기 위해 찾아오는 게 아니라 한반도 남쪽 지역으로 이동하는 도중에 들렀다 가는 개체들이 많아지면서 생긴 변화입니다.

이와 함께 눈여겨 볼 부분은 독수리 이외의 맹금류(다른 생물을 잡아먹는 새)들도 예전에 비해 늘었다는 점입니다. 이는 생태계의 먹이사슬 측면에서 보면 그 의미가 매우 큽니다.

앞에서 보호종을 다룰 때 이미 설명한 수리과(흰꼬리수리, 참매, 붉은배새매, 새매 등), 매과(새호리기, 황조롱이 등), 올빼미과(수리부엉이, 솔부엉

미호강의 보호 맹금류

이, 올빼미 등)의 새들이 적지 않게 나타나고 있다는 것은 미호강의 생태계가 그만큼 건강하다는 것을 말해줍니다.

이들 맹금류는 생태계 먹이사슬에서 최상위 단계에 있는 소비자들입니다. 이들이 다수 살고 있음은 미호강 생태계의 먹이사슬(생태계 내에서 먹는 쪽과 먹히는 쪽의 관계를 사슬로 표현한 것. 먹이연쇄라고도 함)과 먹이그물(먹이사슬이 그물처럼 얽혀 있는 관계)이 그만큼 잘 유지되고 있다는 것을 입증합니다.

변화가 찾아오고 있는 미호강의 조류상을 이해하는 데 도움이 될 수 있도록 미호강 수역에서 관찰되는 각종 새들의 모습을 소개합니다.

■ **황오리**/*Tadorna ferruginea*

몸 빛깔이 선명한 주황색을
띠는 대형 오리(몸길이 64cm)입
니다. 겨울 철새로 우리나라를
찾는 전체 개체수의 절반 이
상이 미호강에서 겨울을 나는
'미호강의 대표 새'가 되었습니다.

■ **혹부리오리**/*Tadorna tadorna*

최근 들어 겨울철이면 미호
강에서 자주 볼 수 있게 된 겨
울 철새 중 하나입니다. 서해
갯벌을 찾는 무리 가운데 일부
가 금강 하구를 따라 미호강까

지 거슬러 올라오는 것으로 추정됩니다. 덩치가 비슷한 황오리와 곧
잘 어울립니다.

■ **가창오리**/*Anas formosa*

미호강의 본류인 금강 하구에는 해마다 가창오리 수십만 마리가

찾아와 해질 무렵 군무를 펼치며 장관을 연출하곤 합니다. 미호강을 찾는 가창오리는 이들 무리에서 이탈한 무리들로 추정됩니다.

■ 댕기물떼새/*Vanellus vanellus*

최근 개체수가 빠르게 감소해 국제자연보전연맹(IUCN)의 적색목록에 준위협(NT) 종으로 분류되어 있습니다. NT종은 가까운 장래에 멸종위기에 처할 가능성이 높은 종을 의미합니다.

■ 삑삑도요/*Tringa ochropus*

꼬리를 항시 아래위로 흔드는 습성이 있으며 물가를 오가며 곤충류, 지렁이 등을 잡아먹습니다. 봄과 가을에 나타나는 통과철새로 드물게는 겨울을 나는 개체도 있는 것으로 알려져 있습니다.

■ 꺅도요/*Gallinago gallinago*

봄, 가을에 나타는 통과철새
로 긴 부리를 진흙이나 뻘 속
에 넣고 위아래로 움직여 지렁
이 등 먹잇감을 잡아먹습니다.
크기는 25~27cm 정도입니다.

■ 장다리물떼새/*Himantopus himantopus*

이름에서 느껴지듯이 다리
가 매우 길며 부리 역시 가늘
고 깁니다. 몸길이는 35cm에
이르며 분홍색 다리가 매우
인상적입니다. 미호강 수역에

서는 무심천 중류 등에서 소수 개체가 관찰됩니다.

■ 큰검은머리갈매기/*Larus ichthyaetus*

국내에서는 드문 겨울 철새
이며 적은 개체가 인천 송도매
립지에서 번식하는 것으로 알
려져 있습니다. 금강 하구를
찾은 무리 중 일부가 금강을

따라 올라왔다가 미호강에 나타나는 것으로 추정됩니다.

■ 한국재갈매기/*Larus cachinans*

재갈매기와 흡사하게 생겼으나 몸 윗면이 재갈매기보다 약간 더 밝게 보입니다. 서해안 개체가 금강을 타고 미호강까지 올라오고 있습니다. 사진은 미호강 중류에서 잉어 사체를 파먹고 있는 한국재갈매기 어린 개체입니다.

일반적으로 볼 수 있는 새

■ 논병아리/*Tachybaptus ruficollis*

부지런히 움직이며 잠수 실력을 자랑하는 생태계의 귀염둥이입니다. 논병아리란 이름은 작고 귀엽게 생긴 모습에서 유래한 것으로 전해집니다.

■ 민물가마우지/*Phalacrocorax carbo*

겨울 철새였으나 빠른 속도
로 텃새화 함으로써 '국내 생
태계의 골치 아픈 존재'로 인
식되고 있는 새입니다. 금강 수
역에도 비교적 최근에 들어와
새끼를 번식하며 세를 불려가고 있습니다.

민물가마우지

■ 해오라기/*Nycticorax nycticorax*

사진은 미호강 수역인 충청
북도 청주 송절동 백로 서식지
에서 둥지를 틀고 있는 해오라
기의 모습입니다. 지금은 비교
적 큰 집단의 백로 서식지에서
도 보기 힘든 존재가 되었습니다.

■ 황로/*Bubulcus ibis*

본래의 깃털은 흰색이나 번
식철이 되면 머리, 목, 어깨 등
의 깃털이 황색을 띱니다. 사
진은 한 쌍의 황로들이 번식철

을 맞아 짝짓기하는 모습입니다.

■ 쇠백로/*Egretta garzetta*

노란 발과 번식철에 머리에 나는 두 가닥의 댕기깃이 특징입니다. 사진은 쇠백로 어미(맨 오른쪽)가 새끼에게 먹이를 주고 있는 모습입니다.

■ 중백로/*Egretta intermedia*

사진은 왼쪽의 어린 중백로들이 어미(맨 오른쪽)에게 먹이를 달라고 보채자 어미가 고개를 돌려 피하고 있는 장면입니다. 이 어미는 결국 새끼들의 성화에 못 이겨 먹이를 토해내 새끼들에게 먹였습니다.

■ 중대백로/*Ardea alba*

몸길이 90cm에 이르는 비교적 큰 새입니다. 중백로와 모습이 흡사하지만 몸길이가 약 20cm 더 크고 부리가 갈라지는 부위(부각)가 눈

뒤까지 깊게 이어지는 특징이 있
습니다. 사진은 미꾸라지를 잡은
중대백로의 모습입니다.

중대백로

■ **대백로/**_Ardea alba alba_

몸길이가 최대 104cm로 우
리나라 백로과 새 중 가장 큽니
다. 같은 백로과의 왜가리보다
도 10cm 정도 큽니다. 겨울 철
새이며 무릎 위의 다리 기부가

연노랑 또는 주황색을 띠고 있어 검은색인 중대백로와 구별됩니다.

■ **왜가리/**_Ardea cinerea_

평균 몸길이 93cm로 우리
나라 백로과 새 가운데 대백로
다음으로 큽니다. 식탐이 많아
커다란 물고기는 물론 오리류
의 새끼까지 잡아먹습니다. 하
천 생태계의 폭군으로 불립니다.

왜가리

■ 청둥오리/*Anas platyrhynchos*

우리나라의 가장 대표적인 겨울 철새였으나 여름철에도 이동하지 않고 번식하는 개체가 늘면서 텃새화가 가속화하고 있습니다. 가축으로 길러지는 집오리의 원종입니다.

■ 흰뺨검둥오리/*Anas poecilorhyncha*

흰뺨검둥오리

과거 겨울 철새였다가 1960년대 이후 텃새로 정착한 오리입니다. 청둥오리보다 2cm 정도 몸길이가 크나 함께 무리를 이루는 경우가 많습니다. 암컷과 수컷이 매우 흡사해서 구별하기 쉽지 않습니다.

■ 쇠오리/*Anas crecca*

동식물의 이름에 '쇠' 자가 붙으면 '작다'는 뜻인데 쇠오리도 이름처럼 몸집이 작습니다.

수컷은 적갈색 머리에 눈에서부터 목덜미까지 짙은 녹색을 하고 있어 암컷과 확연히 다릅니다.

■ 고방오리/*Anas acuta*

가창오리처럼 해 질 무렵 많은 개체가 무리를 이뤄 먹이터인 농경지를 향해 일제히 날아오르는 습성이 있습니다. 몸길이는 수컷이 75cm로 가창오리(40cm)보다 약 2배 가량 큽니다.

■ 비오리/*Mergus merganser*

비교적 흔한 겨울 철새로 최근 들어 강원도 일부 산간지역에서 번식이 이뤄지는 등 텃새화가 진행되고 있는 새 중의 하나입니다.

■ 왕새매/*Butastur indicus*

수리과의 맹금류로 몸 윗면이 적갈색을 띠며 목 가운데에 세

로로 흑갈색 줄무늬가 한 줄 있는 게 특징입니다. 우리나라에는 나그네 새이자 여름 철새로 찾아옵니다.(사진제공 : 조해진 박사·자문위원)

■ 꿩/*Phasianus colchicus*

오래 전부터 인공 사육하기 위해 길들이기를 시도했지만 여전히 완전한 길들이기가 이뤄지지 않아 인공 사육에 어려움을 겪고 있는 '야성이 무척 강한 새'입니다.

■ 쇠물닭/*Gallinula chloropus*

오래 전부터 몸에 좋다는 뜸부기로 오해받아 곧잘 남획당한 '억울한 새'입니다. 새끼는 알에서 깨어나 깃털이 마르자 마자 어미를 따라다니며 먹이를 받아먹는 특성이 있습니다.

■ 물닭/*Fulica atra*

겨울 철새였으나 점차 텃새화하고 있는 새 중의 하나입니다. 겨울에는 고향인 북쪽 지방에서 살던 개체들이 겨울을 나기 위해 남쪽으로 내려오기 때문에 개체수가 크게 늘어나는 것으로 알려져 있습니다.

■ 꼬마물떼새/*Charadrius dubius*

몸길이가 16cm 정도로 물떼새류 중에서 가장 작습니다. 앞이마는 흰색이고 눈 둘레에는 노란색의 테가 선명합니다.

꼬마물떼새

■ 멧비둘기/*Streptopelia orientalis*

다른 비둘기처럼 새끼에게 먹이를 줄 때에는 일명 비둘기 젖(피존밀크)으로 불리는 반쯤 소화된 먹이를 먹이는 특징이 있습니다. 비둘기젖은 수컷에서도 나옵니다. 사진은 뽕나무 열매를 따 먹고 있는

멧비둘기

멧비둘기 모습입니다.

■ 뻐꾸기/*Cuculus canorus*

'뻐꾹 뻐꾹' 하며 내는 독특
한 울음소리에서 이름이 유래
했습니다. 다른 새의 둥지에 자
신의 알을 맡기는 이른바 '탁
란' 습성이 있습니다.

■ 파랑새/*Eurystomus orientalis*

온몸이 대체로 푸른빛을 띠
어 파랑새라는 이름이 붙었습
니다. 희망을 주는 이름과 달리
시끄럽고 공격성이 있어 둥지
곁에 사람이나 동물, 다른 새가
다가가면 달려듭니다. 사진은
어미가 새끼에게 먹이를 주는 장면입니다.

■ 후투티/*Upupa epops*

깃털이 아름답고 머리에 독특한 깃이 돋아나 있습니다. 머리 깃을
펼치면 마치 인디언 추장의 머리 장식처럼 보인다고 하여 추장새라고

부르기도 합니다. 사진은 먹이
를 물고 온 어미 후투티(오른쪽)
를 새끼가 반기고 있는 장면입
니다.

후투티

■ 쇠딱다구리/*Dendrocopos kizuki*

딱다구리 가운데 가장 몸집
이 작습니다. 번식기가 아닌 시
기에는 흔히 박새류와 함께 무
리를 이뤄 활동합니다. 작은 새
가 무리를 이루는 이유는 천적
의 위험을 분산시키기 위한 전략입니다.

■ 오색딱다구리/*Dendrocopos major*

어깨 부위에 커다란 흰색 무
늬가 있는 게 특징입니다. 이
무늬는 등 쪽에서 보면 V자형
으로 보입니다. 큰오색딱다구
리는 이 흰무늬가 없어 쉽게 구

별이 됩니다. 사진은 새끼들에게 주기 위해 먹이를 물어온 오색딱다구리 수컷 어미입니다.

■ 큰오색딱다구리/*Dendrocopos leucotos*

오색딱다구리와 달리 가슴과 옆구리에 검은색의 세로줄무늬가 있습니다. 몸길이는 28cm로 오색딱다구리(24cm)보다 약간 큽니다.

■ 청딱다구리/*Picus canus*

몸 전체적으로 녹색과 회색을 띠고 있습니다. 몸길이는 30cm 정도로 딱따구리류 중에는 큰 편에 속합니다. 첫째 날개깃만 흰점이 있는 검은 색을 띱니다. 딱따구리류가 단단한 부리로 나무를 쪼는 이유는 그 안에 들어있는 곤충 애벌레 같은 먹잇감을 찾기 위함입니다.

청딱다구리

■ 제비/*Hirundo rustica*

예부터 인가에 둥지를 틀어
왔기에 사람과 가장 가깝게 지
내온 야생동물이라 할 수 있습
니다. 농약 오염 등으로 개체수
가 현저히 줄어들었다가 최근
들어 회복되는 추세에 있습니
다. 사진은 진흙을 물어다 둥지
를 짓고 있는 장면입니다.

제비

■ 귀제비/*Cecropis daurica*

허리가 황갈색이고 가슴과 배에 세로 줄무늬가 있어 제비와 구별
됩니다. 귀제비보다는 '맹
매기'라는 별칭을 기억하는
이들이 많습니다.

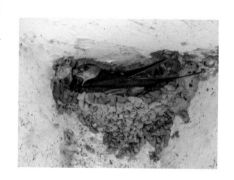

■ 노랑할미새/*Motacilla cinerea*

노란색을 띤 다른 할미새들
보다 꼬리가 길어 유난히 날씬
하게 보이는 게 특징입니다. 또
다리의 색깔도 살색을 띠고 있
어 구별됩니다.

■ 알락할미새/*Motacilla alba*

우리나라에서 보통 할미새 하
면 이 알락할미새를 일컬을 정
도로 대표적인 할미새입니다. 여
름 철새로 겨울이 채 가기 전인
2월 말에서 3월 초면 벌써 모습
을 드러내는 부지런한 새입니다.

■ 힝둥새/*Anthus hodgsoni*

나그네새이자 겨울 철새, 여름
철새이기도 합니다. 전국에 걸쳐
흔히 볼 수 있으나 밭종다리와
매우 흡사해 혼동하는 경우가
많습니다. 귀깃에 흰점이 있으면

힝둥새, 없으면 밭종다리입니다.

■ 직박구리/*Hypsipetes amaurotis*

예전에 후루룩빗죽새라고 불렸던 새입니다. 1990년대 이전까지만 해도 주로 남쪽 지역을 중심으로 서식했으나 이후 개체수가 급증해 지금은 전국적으로 흔한 새가 되었습니다.

■ 물때까치/*Lanius sphenocercus*

국내에서 보기 드문 겨울 철새로 큰재개구마리를 제외한 다른 때까치류에 비해 몸빛깔이 흰빛을 띠어 쉽게 구별됩니다. 사진은 미호강변의 전깃줄에 앉아 먹이를 찾고 있는 물때까치 모습입니다.

■ 칡때까치/*Lanius tigrinus*

검은색의 굵은 눈선과 청회색의 머리가 특징입니다. 등과 날개는 적갈색 바탕에 검은 비늘 무늬가 있는 등 때까치류 가운데 모습이 가장 인상적입니다.

칡때까치

■ 때까치/*Lanius bucephalus*

텃새이며 때까치류를 대표하는 새입니다. '때깟 때깟' 하며 요란하게 소리 내는 습성이 있습니다. 작은 개구리 같은 먹잇감을 텃새권 안의 나무 가시 등에 꽂아 놓는 습성이 있습니다.

■ 딱새/*Phoenicurus auroreus*

야생의 새이지만 갈수록 인가 근처까지 접근해 둥지를 트는 '간 큰 새'입니다. 시골 농가의 빈 제비 둥지에 알을 낳아 번식

한다든가 신발장, 빈 상자, 주방 환풍기 안, 심지어 신고 다니다 벗어
놓은 구두 안에 둥지를 짓는 사례도 있습니다.

■ 호랑지빠귀/*Zoothera aurea*

새벽녘이나 밤중에 가느다란
피리 소리 비슷한 소리를 내어
사람들을 놀라게 하는 장본인
입니다. 몸 전체에 얼룩무늬가
선명한 게 큰 특징입니다. 먹이
로는 지렁이를 선호합니다.

■ 흰배지빠귀/*Turdus pallidus*

바로 뒤에 소개하는 되지빠귀
와 함께 매우 아름다운 소리를
내는 새로 유명합니다. 되지빠귀
의 울음과는 이른바 후렴 부분
이 다릅니다.

■ 되지빠귀/*Turdus hortulorum*

여름철 숲이나 공원 등지에 서 매우 아름다운 새소리를 내 는 주인공 중의 하나입니다. 새 끼에게는 주로 지렁이를 물어 다 먹이지만 사진처럼 벚나무 열매(버찌) 등 나무 열매를 먹이 는 경우도 있습니다.

되지빠귀

■ 붉은머리오목눈이/*Paradoxornis webbianus*

흔히 뱁새로 불리는 새가 바로 이 새입니다. 꼬리가 길며 잠시라 도 가만히 있지 않고 움직이는 부지런한 새입니다. 여러 마리가 무리를 지어 활동합니다.

■ 오목눈이/*Aegithalos caudatus*

우리나라 전역에서 번식하는 텃새입니다. 바로 앞에 소개한 붉 은머리오목눈이와는 과가 다르며 오목눈이과에 속합니다.

■ 상모솔새/*Regulus regulus*

등은 연두색에 머리 정수리
부위는 노란색을 띠고 있는 데
다 수컷은 정수리 부위에 붉은
점까지 있어 마치 상모를 연상케
합니다.

■ 쇠박새/*Parus palustris*

박새류 중 진박새 다음으로 작
습니다. 다른 박새류 등과 어울려
생활합니다. 혼동하기 쉬운 유사
종으로 북방쇠박새가 있습니다.

■ 박새/*Parus major*

우리나라의 박새류 중 가장 대
표적인 새입니다. 박새류 중 유일
하게 목에서 배로 이어지는 검은
세로줄 무늬가 있어 쉽게 구별됩
니다.

■ 동고비/*Sitta europaea*

나무줄기를 위아래로 자유자재
로 오르내리는 재주를 가진 텃새
입니다. 머리가 검은 쇠동고비는
겨울 철새이며 북한지역에서 번식
하는 것으로 알려져 있습니다.

■ 방울새/*Carduelis sinica*

'또르륵 또르륵' 방울 소리를 낸
다고 하여 방울새란 이름이 붙여
졌습니다. 가까운 유사종으로 검
은머리방울새가 있는데 가슴이
노란빛을 띠고 있어 구별됩니다.

■ 되새/*Fringilla montifringilla*

되새과의 대표적인 겨울 철새입
니다. 10월 초순부터 찾아오기 시
작해 겨울을 난 뒤 이듬해 5월 초
순까지 관찰됩니다. 수십만 마리
가 무리를 이뤄 겨울을 난 사례도
있습니다.

■ 참새/*Passer montanus*

도시 지역, 농경지, 하천 지역 어디를 가도 눈에 띄는 가장 흔한 텃새입니다. 여름 깃과 겨울 깃이 약간 다른데 겨울에는 부리 아래쪽에 노란빛이 나타납니다.

참새

■ 찌르레기/*Sturnus cineraceus*

우리나라 모든 지역에서 번식하는 흔한 여름 철새이나 일부 개체는 겨울에도 이동하지 않고 월동하는 등 텃새화 조짐이 일고 있는 새 중의 하나입니다.

■ 꾀꼬리/*Oriolus chinensis*

황조가의 주인공으로 예부터 널리 알려진 새입니다. 예쁜 이미지와는 달리 세력권 안에 들어온 사람과 맹금류에게까지 달려드는 강한 공격성이 있습니다.

■ 물까치/*Cyanopica cyanus*

흔한 텃새로 천적이 나타나면 여러 마리가 무리 지어 요란한 소리를 내는 등 집단 방어하는 습성이 있습니다. 사진은 어미가 새끼들에게 먹이를 물어다 주는 장면.

■ 까치/*Pica pica*

과거 한 언론사에서 실시한 나라새 공모전에서 가장 많은 표를 얻는 등 사랑을 받았던 까치는 현재 많은 개체수로 불어나 작물에 피해를 주면서 천덕꾸러기 신세가 되었습니다.

■ 까마귀/*Corvus corone*

비교적 흔한 텃새로 산지와 인가 주변의 숲에서 번식하고 생활합니다. 식성은 잡식성으로 다른 새의 알과 새끼, 들쥐 등을 잡아먹기도 하고 곡류, 과실도 먹습니다.

■ **큰부리까마귀**/*Corvus macrorhynchos*

두툼하고 큰 부리가 특징인
텃새입니다. 까마귀와 사는 모
습, 식성 등이 거의 비슷합니다.
여름에는 주로 산지에 살다가
겨울에는 농경지 주변, 개활지
등을 찾아 생활합니다. 사진은
고라니 사체를 뜯어먹고 있는 큰부리까마귀의 모습.

식물

식물은 동물과 함께 생물계를 이루는 하나의 무리입니다. 세포 안의 작은 기관인 엽록체를 갖고 있어 이를 통해 광합성을 함으로써 다른 생물에게 의존하지 않고 스스로 영양을 만들어내어 생활(독립영양생활)하는 특징을 갖고 있습니다.

미호강의 식물 생태에서 최근 두드러지게 나타나고 있는 특징은 '국지적으로 식물상에 빠른 변화가 오고 있다'는 점입니다. 식물상은 어느 지역에서 관찰되는 식물의 종류, 즉 식물목록을 일컫습니다. 이러한 식물목록에 빠른 변화가 오고 있다는 것은 이례적인 일입니다. 그러나 실제로 이런 일이 미호강 수계에서 일어나고 있습니다. 얼마 전까지만 해도 관찰되던 식물이 어느 순간 사라지는가 하면 전에 볼 수 없었던 식물 종이 짧은 기간에 군락을 이뤄 놀라게 합니다. 국지적이고 짧은 기간에 이뤄지는 일이라고는 하지만 이 같은 일이 꾸준히 일어나고 있다는 점에서 심각성이 있습니다. 식물은 다른 생물에 비해 자유롭게 이동하지 못하는 한계가 있습니다. 그럼에도 식물상에 빠른 변화가 오고 있다는 것은 자연스러운 현상이 아닙니다. 의도적이든, 의도적이 아니든 인위적인 간섭이 있기에 가능한 일입니다.

하천은 자연재해에 취약한 지역입니다. 해마다 장마철이면 수해라는 자연재해의 위험에 항시 노출되어 있습니다. 이를 막거나 예방하기 위한 인위적인 힘이 언제든 투입될 가능성이 높습니다. 하천 바닥을 송두리째 뒤집어놓는 하상 준설작업이 이런 차원에서 비일비재하게 이뤄지고 있습니다. 또 농업용수 확보 등을 위한 보 건설도 수시로 진행되고 있습니다. 미호강 수계 안의 거의 모든 하천에서 하천정비사업 등의 명목으로 같은 일이 반복되고 있습니다. 특히 인구밀집도가 비교적 높은 도시하천인 경우는 이러한 인위적인 간섭이 이뤄질 가능성이 훨씬 높습니다. 그렇다 보니 어느 하천에서 어느 식물이 자란다고 해서 언제까지 관찰할 수 있을지는 예측하기 어렵습니다. 실례로 과거 1990년대 말까지만 해도 청주 무심천 상류 지역에는 흑삼릉과 물질경이를 비롯해 여러 수생식물이 자라고 있었습니다. 그러나 보 건설과 하상 준설 같은 하천 생태계의 균형을 깨트릴 수 있는 인위적인 간섭이 번갈아 시행된 이후 많은 수의 식물이 짧은 기간에 자취를 감추는 결과를 낳았습니다.

문제는 이것만으로 끝나지 않습니다. 이처럼 인위적인 힘에 의해 교란된 하천 생태계에는 의도치 않은 '불청객'이 찾아들어 기존 생태계의 빈자리를 차지함으로써 2차적 생태교란이 이어지는 악순환을 빚고 있습니다. 최근 확인한 결과 예전에 흑삼릉과 물질경이 등 각종 수생식물이 자라던 지역에는 하상 준설과 보 건설을 포함한 하천 정비사업이 진행된 이후 돼지풀, 단풍돼지풀, 가시박 등 생태교란 귀화식물(외국으로부터 들어와 우리나라에 뿌리내린 식물 중 기존 생태계를 뒤흔들어 놓는 식물)들이 들어와 곳곳에 커다란 군락을 이룬 채 기존 생태계를 위협하고 있습니다. 이러한 일은 비단 청주 무심천에서만 일어나는 게 아닙니다. 미호강 중상류에 걸쳐 위치한 각 지자체의 도시하천과 재해위험지구 내 하천을 중심으로 인위적인 간섭의 가능성이 항시 존재하고 있다고 해도 과언이 아닙니다.

미호강의 하천 생태계에서 수생식물이 갖는 의미는 중요합니다. 1차 생산자인 수생식물이 사라지면 이를 먹고 살거나 의존하는 수서곤충, 물고기, 새 등 먹이사슬로 연결된 생물들이 줄줄이 영향을 받게 됩니다. 하상 정리작업이 오랫동안 진행된 하천은 한동안 생태계란 개념이 무의미할 정도로 황량해지는 것만 보아도 그 중요성을 알수 있습니다. 미호강 생태계의 일면을 들여다볼 수 있는 식물들의 일부를 수생식물과 육상식물로 나눠 소개합니다.

수생 및 수변식물

■ **남개연/*Nuphar pumila oguraensis***

강, 하천, 연못에 사는 잎이 물에 떠 있는(부엽성) 수련과의 여러해살이 풀입니다. 꽃가루를 받는 암술 부분

(주두)이 붉은 게 특징입니다.

■ **대가래/*Potamogeton wrightii***

줄기와 잎이 물속에서 자라는
침수성 여러해살이풀입니다. 줄
기는 보통 1m 가량 자라는데 물
의 깊이에 따라 자라는 길이가
달라집니다.

■ **생이가래/*Salvinia natans***

물 위에 떠서 자라는 한해살이
풀입니다. 전체 길이는 10cm 안
팎으로 가는 줄기가 수면 위로
뻗어 여러 갈래로 갈라집니다. 잎
은 3개씩 돌려납니다. 그중 2개

는 마주나서 물 위에 뜨고 1개는 물속에서 뿌리 역할을 하는 게 특
징입니다.

■ 개구리밥/*Spirodela polyrhiza*

물에 떠서 떠돌아다닌다고 해
서 부평초라고 부르는 여러해살
이풀입니다. 잎과 뿌리가 나는 형
태에 따라 개구리밥, 좀개구리밥,
애기개구리밥 등으로 나눕니다.

■ 마름/*Trapa japonica*

물에 떠서 자라는 한해살이
풀입니다. 열매는 양쪽에 뿔이
난 역삼각형의 형태로 달립니
다. 잎은 독특하게 생겼는데 이
식물의 잎 모양에서 마름모란
말이 생겨났습니다.

■ 달뿌리풀/*Phragmites japonica*

냇가, 특히 하천 상류 근처에
흔히 자라는 여러해살이풀입니
다. 기는줄기가 땅 위에서 사방
으로 뻗는데 이 모습이 '달리는
뿌리 같다'고 해서 달뿌리풀이

라고 부릅니다.

■ 도루박이/*Scirpus radicans*

물가에 자라는 여러해살이
풀로 줄기가 하늘을 향해 자
라다가 머리를 도로 땅에 박
는다고 해서 도루박이란 독특
한 이름이 붙었습니다. 줄기
단면이 약간 각이 진 둥근 삼
각형입니다.

■ 노랑꽃창포/*Iris pseudacorus*

유럽 원산인 여러해살이풀로 관상용
으로 들여와 심은 것이 야생으로 번져
나가 토착화한 것으로 알려져 있습니
다. 중금속 성분과 영양염류 제거 능력
이 있어 수질정화식물로 이용됩니다.

■ 보풀/*Sagittaria aginashi*

하천, 논 등의 습지에서 자라
는 여러해살이풀입니다. 예전에
논에 물을 대기 위해 보를 만들
면 보 안에서 주로 발견된다고
해서 보풀이란 이름이 붙여졌습
니다. 덩이줄기를 쪄서 먹기도 합니다.

■ 송이고랭이/*Schoenoplectiella triangulata*

사초과의 여러해살이풀로 주
로 하천 근처의 얕은 물에서 자
랍니다. 열매는 수과로 달걀 모
양을 하고 있습니다.

■ 큰고랭이/*Schoenoplectus tabernaemontani*

강이나 하천의 얕은 물에서
자라는 사초과의 여러해살이풀
입니다. 단면이 원형인 줄기는
길이가 2m까지 자랍니다.

■ 알방동사니/*Cyperus difformis*

사초과의 한해살이풀로 주로
하천가의 습지에 자랍니다. 꽃
이 둥근 구슬 모양의 꽃차례로
피는 게 특징입니다.

■ 애기부들/*Typha angustifolia*

저수지나 하천가 웅덩이의 가
장자리에서 주로 관찰됩니다.
긴 어묵처럼 생긴 암꽃차례가
부들에 비해 가늘다고 해서 애
기부들이라고 부르나 실은 부들

에 비해 키가 커서 이름과 잘 어울리지 않습니다.

■ 뚜껑덩굴/*Actinostemma lobatum*

박과의 한해살이 덩굴식물로
열매가 위아래로 갈라져 위의
것이 뚜껑처럼 보인다고 해서
뚜껑덩굴이란 이름이 생겨났습
니다. 주로 하천이나 물가의 풀
밭에서 자랍니다.

■ 벼/*Oryza sativa*

벼과의 한해살이풀로 농경지 (논)에서 재배됩니다. 꽃은 원뿔 모양의 꽃차례로 꽃이 필 때는 곧추서서 피지만 수정 후 벼알 이 익을 때는 밑으로 처지는 특 징이 있습니다. 흔히 보는 식물이지만 언제 꽃이 피고 지는지는 잘 모 르는 경우가 많습니다.

■ 닭의장풀/*Commelina communis*

예부터 닭을 키우는 닭장 근처에 서 잘 자라고 꽃잎이 닭의 벼슬과 흡 사해 닭의장풀이란 이름이 붙었습니 다. 달개비라고도 부릅니다. 습기가 많은 하천변 등에 잘 자랍니다.

■ 물봉선/*Impatiens textori*

봉선화과의 한해살이풀로 물봉숭아 라고도 합니다. 홍자색의 독특한 꽃을 피우며 열매는 익으면 껍질이 탄력적으 로 터지면서 씨앗을 멀리 퍼트립니다.

▪ 솔이끼/*Polytrichum commune*

솔이끼과의 이끼류입니다. 계
곡의 습기가 많은 그늘에서 주로
자랍니다. 습지 생태계의 중요한
요소 중 하나입니다.

▪ 물억새/*Miscanthus sacchariflorus*

주로 들이나 물가에서 자라는
벼과의 여러해살이풀입니다. 뿌
리줄기를 땅속으로 뻗어 여러 개
체가 군생하는 경우가 많습니다.

육상식물

▪ 각시붓꽃/*Iris rossii*

붓꽃과의 여러해살이풀로 주
로 산지 숲에서 자랍니다. 크기
가 작고 비교적 이른 시기에 꽃
을 피워 아름다운 모습을 뽐낸
다 하여 각시붓꽃이란 이름이

붙었습니다.

■ 금붓꽃/*Iris minutoaurea*

우리나라가 원산지인 붓꽃과의 여러해살이풀입니다. 주로 산지 숲에서 자라며 봄에 노란색의 꽃을 피웁니다. 한 줄기에 단 하나의 꽃을 피웁니다.

■ 개망초/*Erigeron annuus*

북미가 원산지이며 꽃 모양이 계란과 비슷하다 해서 계란꽃이라 부르기도 합니다. 어린 상태로 겨울을 난 후 여름에 꽃을 피우는 두해살이풀입니다. 망초보다 꽃이 더 큽니다.

■ 뱀딸기/*Duchesnea indica*

풀밭 또는 숲 가장자리에 주로 자라는 여러해살이풀입니다. 열매가 딸기와 비슷하나 맛이 별로 없

어 '뱀이나 먹는 딸기'란 의미의 뱀딸기란 이름이 붙었습니다.

▪ 산딸기/*Rubus crataegifolius*

산과 들에서 흔히 볼 수 있는
낙엽 떨기나무입니다. 맛있고 탐
스러운 열매가 열리나 가지에 가
시가 많아 어린 동심을 울리던
'추억의 식물'입니다.

▪ 복수초/*Adonis amurensis*

미나리아재비과의 여러해살이
풀로 주로 산의 양지쪽에서 자랍
니다. 이른 봄에 꽃을 피워 봄이
왔음을 전해주는 '봄의 전령' 중
하나입니다.

▪ 앉은부채/*Symplocarpus renifolius*

천남성과의 여러해살이풀로
주로 산지의 그늘진 비탈면에서
자랍니다. 이른 봄에 꽃을 피우
는 '봄의 전령' 중 하나입니다.

독특한 꽃이 먼저 핀 후 잎이 돋는 특징이 있습니다.

■ 올괴불나무/*Lonicera praeflorens*

인동과의 작은키나무로 비교적 이른 시기인 3월~4월에 꽃이 잎보다 먼저 핍니다. 관상용 혹은 울타리용으로 심기도 하며 열매는 먹을 수 있습니다.

■ 붉은대극/*Euphorbia ebracteolata*

주로 숲속 돌이 많은 지역에 자라는 여러해살이풀입니다. 줄기가 곧추 자라며 잎이 어릴 때 붉은 보라색을 띠는 특징이 있습니다.

■ 붉은토끼풀/*Trifolium pratense*

유럽이 원산지인 귀화식물로 주로 들판에서 자랍니다. 잎 표면에 여덟 팔자(八)자 모양의 흰 무늬가 있어 다른 종과 구별됩니다.

■ 달맞이꽃/*Oenothera biennis*

남미가 원산지인 귀화식물로 강둑이나 산야 등에 흔히 자랍니다. 꽃이 밤이 되면 활짝 벌어지기 때문에 달맞이꽃이라는 이름이 붙여졌습니다.

■ 분홍낮달맞이꽃/*Oenothera speciosa*

북미 원산인 바늘꽃과의 여러해살이풀입니다. 관상용, 원예용으로 들여왔으나 야생으로 번져나가 토착화하는 추세에 있습니다. 달맞이꽃과는 달리 꽃이 아침에 피었다가 저녁에 지기를 반복합니다.

■ 단풍잎돼지풀/*Ambrosia trifida*

북미에서 들여온 여러해살이의 귀화식물입니다. 하천 변의 들이나 둑방, 길가 등에서 흔히 자랍니다. 잎이 단풍잎을 닮았다고 해서 단풍잎돼지풀이라고 부릅니다.

■ 둥근잎나팔꽃/*Ipomoea purpurea*

북미가 원산지인 한해살이 귀
화식물입니다. 기존의 나팔꽃처
럼 잎이 갈라지지 않고 전체적
으로 둥근 하트 모양을 하고 있
습니다. 메꽃과 미국나팔꽃속에
속합니다.

■ 애기나팔꽃/*Ipomoea lacunosa*

북미 원산의 귀화식물입니다.
메꽃과 고구마속으로 꽃이 고구
마 꽃을 닮았습니다. 길가 혹은
경작지 주변에 주로 자랍니다.

■ 둥근잎유홍초/*Ipomoea hederifolia*

북미가 원산인 귀화식물로 덩
굴성 한해살이풀입니다. 줄기가
자라면서 다른 물체를 왼쪽으로
감고 올라가는 특성이 있습니다.

■ 미국나팔꽃/*Ipomoea hederacea*

북미 원산의 미국나팔꽃속으로 하천변, 길가, 빈터 등에 주로 자라는 한해살이풀입니다. 토종 나팔꽃에 비해 잎이 깊게 갈라지는 특성이 있어 구별됩니다.

■ 미국자리공/*Phytolacca americana*

북미 원산의 여러해살이풀로 마치 관목처럼 자랍니다. 도시 주변의 오염된 산성토양도 마다하지 않고 자라는 강한 식물입니다. 뿌리 등에 강한 독성이 있어 조심해야 합니다.

■ 배풍등/*Solanum lyratum*

우리나라와 타이완, 일본이 원산지인 가지과의 덩굴성 여러해살이풀입니다. 들과 산지의 양지쪽에 주로 자랍니다.

■ 애기똥풀/*Chelidonium majus asiaticum*

양귀비과의 두해살이풀입니다. 줄기를 자르면 애기똥 같은 노란 액체가 나와 애기똥풀이란 이름이 붙여졌습니다. 노란색 꽃이 특징으로 햇빛이 드는 곳이면 어디에서나 잘 자랍니다.

■ 쥐손이풀/*Geranium sibiricum*

아시아와 유럽이 원산지인 여러해살이풀로 산과 들에서 흔히 만날 수 있습니다. 흡사하게 생긴 풀로 이질풀이 있는데 쥐손이풀은 꽃대 하나에 하나의 꽃이 피는 반면 이질풀은 꽃대가 갈라져 두 송이 피는 게 다릅니다.

■ 어저귀/*Abutilon theophrasti*

인도가 원산지인 한해살이풀입니다. 본래 섬유작물로 들여와 재배했으나 야생으로 번져 토착화한 귀화식물입니다.

▪ 광대싸리/*Flueggea suffruticosa*

대극과의 낙엽성 작은키나무
입니다. 굴싸리, 구럭싸리 등으
로 불리며 산지 가장자리나 하
천 둑방에 주로 자랍니다. 화투
에 그려진 싸리가 이 식물이란
설이 있습니다.

▪ 개암나무/*Corylus heterophylla*

자작나무과의 낙엽성 작은
키나무입니다. 전래동화의 도
깨비방망이 이야기와 관련된
나무로 유명합니다. 사진은 개
암나무의 암꽃입니다.

▪ 겨우살이/*Viscum coloratum*

단향과 겨우살이속에 속하
는 기생 식물의 일종입니다. 기
생 식물이긴 하나 엽록소가 있
어 초록색을 띠는 특이한 식물
입니다.

■ 사위질빵/*Clematis apiifolia*

미나리아재비과의 낙엽성 덩
굴식물입니다. 한국, 중국 등 아
시아가 원산지이며 7월~9월에
수많은 흰꽃을 피웁니다. 유사한
식물로 할미밀망이 있습니다.

■ 엉겅퀴/*Cirsium japonicum var.*

국화과의 여러해살이풀입니
다. 줄기와 잎에 날카로운 가시
가 많이 돋아나 있습니다. 전국
적으로 분포하며 산야에서 주로
자랍니다.

■ 산국/*Chrysanthemum lavandulifolium*

산과 들에 흔하게 자라는 여
러해살이풀로 우리나라 가을을
대표하는 식물입니다. 우리나라
와 중국, 일본이 원산지입니다.

■ 종덩굴/*Clematis fusca var. violacea*

미나리아재비과 으아리속의 낙엽 덩굴나무입니다. 종 모양의 검은빛이 도는 자주색 꽃이 매우 인상적입니다.

■ 비수리/*Lespedeza cuneata*

콩과의 여러해살이풀이나 반관목처럼 보입니다. 들과 하천 둑방 등에 주로 자랍니다. 흔히 야관문으로도 불립니다.

■ 산수국/*Hydrangea serrata*

범의귀과에 속하는 낙엽 관목입니다. 주로 산골짜기 등 습기가 많은 곳에서 자랍니다. 산수국이란 이름은 산에서 자라는 수국이란 뜻을 담고 있습니다.

■ 산자고/*Tulipa edulis*

백합과의 여러해살이풀입니다. 주로 산야
의 양지쪽 풀밭에서 자랍니다. 하늘을 향해
비스듬히 피는 흰꽃이 매우 인상적입니다.

■ 서양민들레/*Taraxacum officinale*

유럽 원산의 귀화식물로 들이
나 길가에 주로 자라는 여러해
살이풀입니다. 꽃받침이 뒤로 젖
혀져 그렇지 않은 토종 민들레
와 구별됩니다.

■ 왕고들빼기/*Lactuca indica*

국화과 식물로 한해 혹은 두
해살이풀입니다. 겨울을 나기 위
해 생겨나는 이 식물의 로제트
(땅에 붙어 사방으로 퍼져 나는 잎)
시기에 뿌리를 캐 식용하는 식
문화가 있습니다.

▪ 수박풀/*Hibiscus trionum*

아욱과 무궁화속의 한해살이
풀입니다. 아프리카가 원산지로
관상용으로 심던 것이 번져나가
야생화했습니다.

▪ 쇠무릎/*Achyranthes japonica*

비름과의 여러해살이풀입니
다. 산이나 들, 길가, 빈터, 인가
근처 등 어느 곳에서나 잘 자랍
니다. 뿌리를 우슬이라 하여 약
초로 활용합니다.

▪ 수크령/*Pennisetum alopecuroides*

벼과의 여러해살이풀로 햇빛
이 잘 드는 길가나 들에 주로 자
랍니다. 결초보은의 고사와 관련
된 풀로 유명합니다. 줄기가 매
우 질진 게 특징입니다.

수크령

■ 산철쭉/*Rhododendron yedoense*

진달래과에 속한 낙엽성 작
은키나무입니다. 산철쭉이란 이
름 때문에 소백산 정상 등 고지
대까지 자라는 철쭉과 혼동하는
경우가 많습니다.

■ 아그배나무/*Malus sieboldii*

아시아가 원산지인 장미과의
낙엽성 작은키나무입니다. 마치
큰키나무처럼 자라는 경우도 있
습니다. 열매의 맛이 시고 떫어
'아그배'란 이름이 생겼다고 전합
니다.

■ 팥배나무/*Sorbus alnifolia*

장미과의 낙엽성 큰키나무입
니다. 열매가 팥을 닮고 꽃이 하
얗게 피는 모습이 배나무 꽃을
닮았다고 하여 팥배나무라 부릅
니다.

■ 애기나리/*Disporum smilacinum*

백합과의 여러해살이풀로 주
로 산지 숲에서 자랍니다. 우리
나라와 일본 등 아시아가 원산지
입니다. 크기가 15~40cm 정도
로 비교적 작아 애기나리란 이
름이 붙여졌습니다.

■ 개쑥부쟁이/*Aster meyendorffii*

국화과의 여러해살이풀로 국
화류와 함께 우리나라의 가을을
대표하는 식물입니다. 쑥부쟁이
와 흡사하나 꽃받침 부분이 달
라 구별됩니다.

■ 꿩의바람꽃/*Anemone raddeana*

미나리아재비과의 여러해살이
풀입니다. 습기가 많은 산지 숲
속에서 주로 자랍니다. 중국과
러시아 극동부 등에도 분포하는
것으로 알려져 있습니다.

■ **벌깨덩굴/**_Meehania urticifolia_

꿀풀과의 여러해살이풀로 우리나라와 중국 등 아시아가 원산지입니다. 줄기가 사각형으로 깨꽃처럼 생긴 꽃이 진 뒤 옆으로 길게 뻗는 특성이 있습니다.

■ **닥나무/**_Broussonetia kazinoki_

뽕나무과의 낙엽성 작은키나무입니다. 나무껍질에 섬유질 성분이 발달해 예부터 종이를 만드는 재료로 활용해온 유명한 나무입니다.

■ **두릅나무/**_Aralia elata_

두릅나무과의 낙엽성 작은키나무입니다. 산야에 흔히 자라며 새순은 두릅나물이라고 하여 예부터 인기가 높습니다.

■ 개옻나무/*Toxicodendron trichocarpum*

옻나무과 붉나무속의 낙엽성 작은키나무 혹은 작은 큰키나무 입니다. 옻나무처럼 옻닭의 약재로도 활용하나 독성이 있어 주의해야 합니다.

■ 괭이눈/*Chrysosplenium grayanum*

범의귀과의 여러해살이풀입니다. 우리나라와 중국이 원산지이며 산지 계곡의 가장자리나 습기가 많은 곳을 선호합니다. 꽃이 고양이 눈을 닮았다 해서 괭이눈(고양이눈)이란 이름이 붙여졌습니다.

■ 금낭화/*Dicentra spectabilis*

현호색과의 여러해살이풀입니다. 처음엔 중국이 원산지로 알려져 있었으나 한국에서도 자생지가 발견됨에 따라 함께 원산지가 되었습니다. 꽃이 아름다워 관상용으로 많이 심습니다.

■ 인동덩굴/*Lonicera japonica*

　인동과의 덩굴성 작은키나무
입니다. 예전에는 겨우살이 넌출
(넝쿨)이라고 불렀습니다. 또 겨
울에도 죽지 않고 살아가는 풀
이라고 해서 인동초라고도 불렀
습니다.

곤충

곤충은 '마디 다리(節肢·절지)'를 가진 동물, 즉 절지동물에 속하며 몸이 머리, 가슴, 배로 구분되고 다리가 6개인 동물의 무리를 말합니다. 곤충은 거의 대부분 생태계 안에서 1차 혹은 2차 소비자 역할을 하면서 그보다 높은 단계에 있는 고차 소비자의 먹이가 됩니다. 최상위 단계에 있는 수리과 또는 매과 새들에게 잡아먹히는 장수잠자리 등이 그 예입니다.

곤충 자체는 식물성과 동물성 먹이를 먹고 사는 1차 혹은 2차 소비자이면서 사마귀와 같은 육식성 곤충 내지 어류, 조류 등 2차 소비자의 중요한 먹이원으로서 물질순환에 기여하고 있습니다. 물질순환은 비생물적인 환경요인이 생산자를 통해 생태계 안으로 들어온 뒤 먹이연쇄를 통해 소비자로 옮겨가고 결국은 분해자에 의해 다시 생물 환경으로 되돌아가는 과정을 말합니다.

미호강 수계 가운데 청주 무심천을 대상으로 실시한 최근의 곤충상 조사를 살펴보면 유기물에 내성이 강한 노린재류, 하루살이류, 딱정벌레류에 속한 종들의 출현이 두드러지게 나타나고 있습니다. 이는 도시하천인 무심천이 인간 간섭에 의해 매우 불안정한 상태에 있음을 간접적으로 보여줍니다. 아울러 과거에 흔히 볼 수 있었던 물방개가 거의 사라져 지금은 쉽게 볼 수 없는 희귀곤충이 되었다는 점과 보의 건설로 물이 흐르지 않는 정수구간이 늘어나면서 마름 군락이 생겨나 일본잎벌레 같은 특정 곤충의 개체수가 눈에 띄게 늘고 있는 점이 주목됩니다.

미호강 생태계의 일면을 들여다볼 수 있는 곤충들을 수서곤충과 수변곤충으로 나눠 소개합니다.

수서곤충

■ 소금쟁이/*Aquarius paludum paludum*

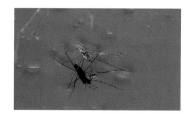

노린재목 소금쟁이과의 수서곤충으로 아시아와 유럽이 원산지입니다. 하천, 저수지, 연못 등이 주요 서식지입니다.

■ 강하루살이/*Rhoenanthus coreanus*

강하루살이과의 곤충으로 1985년도에 국내 학자에 의해 신종 발표된 종으로 국외 반출이 금지되어 있는 곤

충입니다.

■ 동양하루살이/*Ephemera orientalis*

한국, 중국, 일본, 러시아에 분포하며 유충이 유기물 등으로 오염된 하천의 하류에도 서식하는 특징이 있습니다. 최근 국내 일부 지역에서 다량 발생해 불편을 초래하는 등 사회적 문제로 확산하기도 했습니다.

■ 연분홍실잠자리/*Ceriagrion nipponicum*

실잠자리과의 잠자리로 몸빛깔이 가슴은 녹색, 배는 연분홍색을 띠는 특징이 있습니다.

■ 방울실잠자리/*Platycnemis phyllopoda*

방울실잠자리과의 잠자리로 물흐름이 적은 하천의 정수구역에 주로 삽니다. 수컷의 가운데 다리와 뒷다리의 종아리 마디에

방울처럼 보이는 흰색 방패 모양이 있어 방울실잠자리란 이름이 붙여졌습니다.

▪ 물잠자리/*Calopteryx japonica*

물흐름이 적은 하천의 중상류를 선호합니다. 몸과 날개의 색이 전체적으로 금속 광택을 지닌 청록색을 하고 있습니다.

▪ 검은물잠자리/*Calopteryx atrata*

하천의 물흐름이 적은 지역에 주로 살며 인근의 숲까지 날아듭니다. 몸 색깔이 전체적으로 검은색을 하고 있어 물잠자리와 구별됩니다.

▪ 배치레잠자리/
Lyriothemis pachygastra

배 부위가 눈에 띄게 넓고 편평해 배치레잠자리란 이름이 붙여졌습니다. 어린 개체는 암수

모두 옅은 황갈색 바탕에 배 등면으로 흑색 줄무늬가 있습니다.

▪ 고추잠자리/*Crocothemis servilia*

온몸이 붉은 잠자리로 알려진 종입니다. 하지만 모든 암수가 일생 동안 붉은색을 띠는 게 아닙니다. 붉은색을 띠는 것은 성숙한 수컷 개체이며 암컷은 성장 단계에 따라 황갈색 등 여러 색을 띱니다.

고추잠자리

▪ 나비잠자리/*Rhyothemis fuliginosa*

날개의 색깔이 독특해 나비처럼 보인다 해서 나비잠자리란 이름이 붙여진 종입니다. 일본과 중국에도 서식하는 것으로 알려져 있습니다.

나비잠자리

■ 산잠자리/*Epophthalmia elegans*

우리나라에 서식하는 잠자리 가운데 몸집이 가장 큰 종에 속합니다. 전체적으로 흑색 바탕에 굵고 뚜렷한 황색 무늬가 있는 게 특징입니다.

■ 노란뿔잠자리/*Ascalaphus sibiricus*

풀잠자리목 뿔잠자리과의 잠자리입니다. 어린 유충기에는 같은 뿔잠자리목의 명주잠자리 유충(개미귀신)처럼 다른 곤충 등을 잡아먹는 육식성 곤충입니다.

■ 대륙뱀잠자리/*Parachauliodes continentalis*

알-애벌레-번데기-어른벌레를 거치는 갖춘탈바꿈 곤충입니다. 하천의 상류 지역에 주로 살며 어린 시기에는 다른 무척추동물, 심지어 작은 물고기까지 잡아먹습니다.

■ **꼬리명주나비**/*Sericinus montela*

호랑나비과의 곤충으로 쥐방울덩굴을
주요 먹이식물(기주식물)로 합니다. 농경
지의 주변이나 야산의 풀밭에서 관찰됩
니다.

■ **네발나비**/*Polygonia c-aureum*

예전에 '남방씨알붐나비'로 부
르던 나비입니다. 뒷날개에 C자
무늬가 있어 부르던 이름입니다.
학명에서 종소명인 c-aureum
도 이 무늬와 관계가 있습니다.

■ **대만흰나비**/*Pieris canidia*

흰나비과의 곤충으로 애벌레
시기에 나도냉이, 엉겅퀴, 개망초
등을 먹고 자랍니다. 경작지와
산림의 경계, 인가 등지에서 주
로 관찰됩니다.

■ 배추흰나비/*Pieris rapae*

애벌레 시기에 배추, 무, 냉이 등 배추과(십자화과) 식물을 먹고 사는 흰나비과의 곤충입니다. 배추, 무 등을 재배하는 농부들에게는 피해를 입히는 해충으로 인식되고 있습니다.

■ 뿔나비/*Libythea lepita*

네발나비과의 곤충으로 옆에서 보면 머리 쪽에 뿔이 난 것처럼 보이는 특징이 있습니다. 수컷들이 땅바닥에 무리 지어 물 등을 빨아먹는 습성이 있습니다.

■ 산호랑나비/*Papilio machaon*

호랑나비과의 곤충으로 호랑나비와 비슷하게 생겼으나 호랑나비보다 더 노란빛을 띠고 아래 날개에 태극을 연상케 하는 붉은색과 푸른색 무늬들이 줄지어 있는 게 특징입니다.

■ 호랑나비/*Papilio xuthus*

흔히 범나비로 불리는 호랑나비과의 곤충입니다. 여름철이면 산과 들에서 호랑나비가 각종 꽃을 찾아다니며 꿀을 빨아 먹는 모습을 흔히 볼 수 있습니다.

■ 줄점팔랑나비/*Parnara guttata*

팔랑나비과의 곤충으로 날개에 흰 점이 줄지어 있는 게 특징입니다. 애벌레는 벼, 참억새 등 벼과 식물의 잎을 갉아 먹고 자랍니다.

■ 둥줄박각시/*Marumba sperchius*

박각시과의 곤충으로 평지나 산지에서 흔히 볼 수 있으며 야간에는 등불에 모이는 습성이 있습니다. 날개와 더듬이 모습이 독특합니다.

■ 애기나방/*Amata germana*

애기나방과의 곤충으로 낮에
풀밭을 낮게 날아다니며 꽃을
찾아다니는 습성이 있습니다.

■ 왕물결나방/*Brahmaea certhia*

왕물결나방과의 곤충으로 날
개 편 길이가 최대 12cm가량 되
는 대형종입니다. 애벌레 시기의
먹이식물로는 쥐똥나무, 사철나
무, 수수꽃다리 등이 있습니다.

■ 갈색여치/*Paratlanticus ussuriensis*

여치과의 곤충으로 우리나라
에서만 서식하는 고유종입니다.
충청북도 영동지역 등 국내 일부
지역에서 폭발적으로 개체수가
늘어나 과수 피해를 입힌 적이
있습니다.

■ 여치/*Gampsocleis sedakovi obscura*

여치과에 속하는 곤충으로 아
시아와 유럽이 원산지입니다. 강
변이나 풀숲, 농경지 주변에 주
로 서식하며 독특한 울음소리를
냅니다.

■ 명주잠자리/*Hagenomyia micans*

풀잠자리목 명주잠자리과의
곤충입니다. 애벌레는 모래밭에
개미지옥(사진 참고)이라는 함정
을 만들어 먹이를 잡아먹는 개
미귀신으로 유명합니다. 개미지

옥에 먹잇감이 빠지면 재빨리 모래를 끼얹어 더욱 곤경에 빠지게 만
든 후 체액을 빨아먹습니다.

■ 귀뚜라미/*Velarifictorus aspersus*

독특한 울음소리를 내는 귀뚜라미
과의 곤충입니다. 잡식성으로 낙엽,
과일은 물론 죽은 동물의 사체까지
먹어 치우는 청소부 역할을 합니다.

■ 긴알락꽃하늘소/*Leptura arcuata*

하늘소과의 곤충으로 유충은 상
수리나무, 졸참나무 등의 죽은 나무
에 구멍을 뚫고 들어가 삽니다. 성충
이 된 후에는 산지의 꽃을 찾아 먹이
를 구합니다.

■ 덩굴꽃등에/*Eristalis arbustorum*

파리목 꽃등에과의 곤충으로
겉모습이 파리와 벌의 중간 형태
를 하고 있습니다. 따라서 어떨
때는 파리류로, 또 어떨 때는 벌
처럼 느껴지는 경우가 많습니다.

■ 넓적사슴벌레/*Dorcus titanus castanicolor*

사슴벌레과의 곤충으로 우리
나라에서 볼 수 있는 사슴벌레
가운데 몸집이 가장 큽니다. 몸
전체가 넓고 납작한 모습을 하고
있습니다.

■ 애사슴벌레/*Dorcus rectus rectus*

사슴벌레과의 곤충으로 애벌
레는 썩은 참나무를 파먹고 자
라고 성충이 된 후에는 참나무
류의 수액을 먹고 삽니다.

■ 당홍맵시벌/*Eupalamus sinensis*

맵시벌과 넓적송장벌레속의 곤
충으로 성충의 몸길이는 1.5cm 정
도입니다.

■ 등검은메뚜기/*Shirakiacris shirakii*

등쪽에서 보면 앞가슴등판
양옆에 가늘고 선명한 노란선
이 한 쌍 있습니다. 성충은 주
로 산, 농경지, 저수지 둑방 등
에서 콩과 식물을 먹으며 활동
합니다.

■ 벼메뚜기/*Oxya chinensis sinuosa*

메뚜기과의 대표적인 곤충입니다. 예전에는 벼 잎사귀를 갉아 먹는 해충으로 여기고 가을이 되면 너도나도 나서서 벼메뚜기를 잡아먹던 시절도 있었습니다.

■ 방아깨비/*Acrida cinerea*

메뚜기과에 속하는 곤충으로 몸 색깔에 따라 녹색형, 갈색형으로 나뉘나 드물게 적색형이 나타나기도 합니다. 예전의 어린이들은 방아깨비를 잡아 장난감처럼 가지고 놀았으며 군것질 대용으로 불에 구워 먹기도 했습니다.

■ 말벌/*Vespa crabro flabofasciata*

말벌과의 곤충으로 강한 독을 가
진 독충입니다. 말벌이 속한 말벌과
에는 장수말벌, 좀말벌, 털보말벌,
쌍살벌, 땅벌 등이 있습니다. 최근
에는 외래종인 등검은말벌이 유입
돼 꿀벌을 공격하는 등 피해가 늘
고 있습니다.

말벌

■ 일본애수염줄벌/*Tetralonia (Synhalonia) nipponensis*

꿀벌과의 곤충으로 더듬이가 몸길
이만큼 긴 것이 특징입니다. 벌처럼
꽃을 찾아 먹이를 구합니다.

■ 왕바다리/*Polistes rothneyi*

말벌과 쌍살벌아과의 곤충입
니다. 한국의 고유아종이며 우
리나라 쌍살벌 가운데 가장 큽
니다. 나비 혹은 나방의 애벌레
를 잡아먹습니다.

▨ 장수풍뎅이/*Allomyrina dichotoma*

딱정벌레목 장수풍뎅이과의
곤충으로 우리나라 풍뎅이 중
에서 몸집이 가장 큽니다. 수
컷의 머리에는 독특한 뿔이 나
있습니다.

▨ 풍이/*Pseudotorynorrhina japonica*

딱정벌레목 꽃무지과의 곤충
입니다. 몸의 색은 광택이 나는
적갈색 등을 하고 있으며 머리
앞부분이 사각 모양이어서 풍뎅
이류와 구별됩니다.

▨ 버들하늘소/*Megopis sinica*

하늘소과의 곤충으로 주로 야산
의 잡목림 숲에서 발견됩니다. 유충
혹은 번데기 상태로 오리나무 같은
썩은 나무 속에서 월동하고 늦봄에
성충이 됩니다.

■ 유지매미/*Graptopsaltria nigrofuscata*

보호색이 뚜렷한 매미과의 곤충입니다. 울음소리가 기름이 끓는 듯한 소리와 비슷하다고 해서 유지(油脂)매미란 이름이 붙여진 것으로 알려져 있습니다.

■ 주홍날개꽃매미/*Lycorma delicatula*

꽃매미과의 곤충입니다. 날개에 검은색, 붉은색, 흰색 무늬가 어우러져 있어 매미류 중에는 드물게 화려한 모습을 하고 있습니다. 남방계 곤충으로 주로 중국 남부와 동남아시아에 분포합니다.

■ 주홍긴날개멸구/*Diostrombus politus*

매미목 긴날개멸구과의 곤충입니다. 전체적으로 주홍색을 띠고 있으며 위험에 처하면 급히 튀어 올라 도망갑니다.

포유류

포유류는 어미가 새끼를 낳아 젖을 먹여 기르는 동물을 말합니다. 포유류는 자연 생태계에서 소비자로서의 역할을 합니다. 생산자인 식물성 먹이를 먹는 초식동물(1차 소비자)을 비롯해 2차, 3차 소비자에 이르기까지 먹이사슬을 이루는 중요한 요소로서 기능합니다.

어느 한 지역의 생태계가 균형을 이루고 있다는 것은 먹이사슬을 통해 이뤄지는 에너지 흐름 체계가 제대로 돌아가고 있음을 의미합니다. 에너지 흐름이란 에너지가 생태계 안의 먹이사슬을 통해 생산자에서 상위 단계의 소비자에 이르기까지 전달되는 것을 말합니다.

하지만 우리나라 자연 생태계에서 포유류는 다른 생물 집단과 마찬가지로 환경 변화와 서식지 파괴 등으로 점차 종 수와 개체수가 줄어들고 있는 추세입니다. 미호강 생태계에 있어서도 상황은 마찬가지입니다.

포유류의 많은 부분을 차지하는 설치류(흔히 쥐류라고 함)마저도 서식지 감소 등으로 개체수가 줄어들면서 이들을 먹이로 하는 족제비, 맹금류 등 상위 단계의 소비자들도 줄어드는 결과를 낳고 있습니다. 미호강의 포유류 중 눈에 띄는 것은 수달, 삵, 하늘다람쥐 같은 보호종이 극소수 개체이지만 여전히 대내림하면서 '생태계의 보물'로 남아 있다는 점입니다.

이들 보호종을 제외한 미호강의 주요 포유류를 소개하면 다음과 같습니다.

■ 관박쥐/*Rhinolophus ferrumequinum*

관박쥐과에 속하는 박쥐입니다. 코 부위의 주름이 잘 발달해 있어 주름코박쥐라고도 부릅니다. 동굴이나 오래된 건물 등지에서 생활합니다.

■ 족제비/*Mustela sibirica*

족제비과의 포유동물로 하천 주변의 평지, 제방, 농경지, 산지의 나무뿌리나 돌무덤 따위의 굴을 파고 들어가 생활합니다. 쥐, 새, 어류, 갑각류, 곤충 등을 잡아먹습니다.

■ 청설모/*Sciurus vulgaris*

다람쥐과의 포유류로 주로 산
지에서 생활하며, 인가 근처의
공원 등에서도 곧잘 관찰됩니다.
나무를 잘 타며 호두, 잣 등의 열
매와 과일을 먹고 삽니다.

■ 다람쥐/*Tamias sibiricus*

다람쥐과의 포유류입니다.
산지에서 주로 생활하며, 얼굴
에서 등으로 이어지는 줄무늬
가 특징입니다. 나무 구멍 또
는 바위틈, 나뭇가지 등에 둥
지를 마련합니다.

다람쥐

■ 멧토끼/*Lepus coreanus*

토끼과의 포유동물로 우리
나라 고유종입니다. 주로 산
에 살며 초식성 먹이를 먹고
삽니다. 먹이가 부족한 겨울
철에는 어린 나무의 껍질을

갉아 먹기도 합니다.

■ 고라니/*Hydropotes inermis*

한국과 중국에만 서식하는 세계적 희귀종으로 국제자연보전연맹(IUCN)의 적색목록에 취약종(VU)으로 분류되어 있습니다. 우리나라에서는 유해조수 취급을 받고 있으나 중국에서는 국가보호동물로 지정, 보호하고 있습니다. 사진은 태어난 지 얼마 안 되는 어린 고라니의 모습입니다.

양서·파충류

먼저 양서류(兩棲類)는 물과 땅 양쪽에서 사는 동물들을 말합니다. 어릴 때는 물에서 아가미로 호흡하며 살고 자라서는 폐와 피부를 통해 호흡하면서 육상에서 삽니다.

미호강의 양서류 가운데 가장 돋보이는 존재는 역시 전 세계 학자들이 관심을 가지고 있는 청주 무심천 상류의 이끼도롱뇽입니다. 이끼도롱뇽은 그동안 북미와 중미 대륙, 유럽 일부 지역에만 서식하는 것으로 알려졌던 미주도롱뇽과의 희귀 도롱뇽(한국특산)으로 학계의 수수께끼로 남아있던 '미주도롱뇽의 대륙 이동 및 격리 분포'를 밝힐 수 있는 귀중한 단서로 여겨집니다.

파충류(爬蟲類)는 한자어대로 해석하면 '기어다니는 짐승류'라는 뜻을 담고 있습니다. 충은 벌레가 아니라 짐승을 의미합니다. 미호강의 파충류로는 거북류인 남생이와 붉은귀거북, 자라, 도마뱀류, 뱀류가 서식하는 것으로 알려져 있습니다.

미호강에 사는 뱀류

양서류와 파충류는 양서·파충류처럼 함께 써서 마치 같거나 가까운 동물로 취급하는 경우가 많습니다. 이는 두 부류가 냉혈동물이고 물과 땅에서 생활하는 공통점이 있기 때문입니다. 냉혈동물은 체온이 외부 온도에 따라 변하는 변온동물을 뜻하는 데에 반해 항상 따뜻한 체온을 유지하는 동물을 항온동물(온혈동물)이라고 합니다. 이들 양서·파충류는 미호강의 생태계에서 포유동물과 함께 먹이사슬의 상위 단계에 있는 소비자로서 역할을 하며 생태계 구성원으로서의 소임을 다하고 있습니다.

앞에서 설명한 보호종 금개구리(멸종위기 야생생물 II급), 맹꽁이(멸종위기 야생생물 II급)를 제외한 미호강의 양서·파충류를 소개합니다.

■ 자라/*Pelodiscus maackii*

거북목 자라과에 속하는 파충류입니다. 강, 하천, 저수지 등에서 물고기, 양서류 등을 잡아먹으며 생활합니다. 사진은 일광욕을 하기 위해 하천 바위 위에 올라와 있는 자라들의 모습입니다.

미호강에 사는 민물거북들

■ 줄장지뱀/*Takydromus wolteri*

뱀목 장지뱀과의 파충류입니다. 꼬리 길이가 몸길이의 2.5배가량 긴 게 특징입니다. 산지의 바위 등 비교적 건조한 곳에서 관찰됩니다.

■ 구렁이/*Elaphe schrenckii*

뱀과의 파충류로 우리나라에 사는 뱀 가운데 몸집이 가장 큽니다. 사는 장소에 따라 몸 색깔이 검은색에서 누런빛을 띤 갈색에 이르기까지 다양하게 나타납니다.

■ 살모사/*Gloydius brevicaudus*

살모사과의 뱀으로 주로 산지에서 개구리와 쥐, 도마뱀 등을 잡아먹으며 삽니다. 흔히 '독사눈'이라고 부르는 야행성 동물의 전형적인 고양이 눈을 가졌습니다.

살모사

■ 까치살모사/*Gloydius saxatilis*

살모사과의 뱀으로 칠점사 혹은 칠점백이라고도 부릅니다. 우리나라에 사는 살모사류 중 가장 몸집이 크고 굵으며 독성도 가장 강한 것으로 알려져 있습니다.

■ 쇠살모사/*Gloydius ussuriensis*

살모사과의 뱀으로 우리나라 살모사류 가운데 몸집이 가장 작습니다. 몸 색깔이 전체적으로 붉으며 눈 뒤로는 흰색의 줄이 있습니다.

■ 참개구리/*Pelophylax nigromaculatus*

개구리과의 양서류로 우리나라 개구리류 가운데 가장 흔하고 널리 알려져 있습니다. 논개구리라고도 부릅니다. 주로 농경지 등의 물웅덩이나 수로, 하천,

연못 등지에 살며 곤충, 거미, 다지류, 지렁이 등을 잡아먹습니다.

■ 큰산개구리/*Rana uenoi*

얼마 전까지 북방산개구리라 부르던 개구리과의 양서류입니다. 계곡산개구리보다 더 크고 등에 V자 모양이 나타나는 특징이 있습니다.

큰산개구리

■ 계곡산개구리/*Rana huanrensis*

깊은 산 계곡에 주로 산다고 해서 계곡산개구리라는 이름이 붙었습니다. 전체적으로 갈색이며 다리에 검은색의 큰 줄무늬가 있습니다. 몸 전체에 돌기가 나 있어 다른 종과 구별됩니다.

■ 황소개구리/*Lithobates catesbeianus*

북미가 원산지인 외래종의 개구리입니다. 겉모습이 황소처럼 우락부락하게 생긴 데다 울음소리도 황소 울음소리를 닮아 황소개구리란 이름이 붙었습니다. 대표적인 생태교란종입니다. 사진은 토종 참개구리를 잡아먹고 있는 황소개구리의 모습.

황소개구리

■ **두꺼비**/*Bufo gargarizans*

두꺼비과의 양서류로 주로 산지의 습기가 많고 그늘진 곳을 선호합니다. 곤충과 지렁이 같은 움직이는 작은 동물을 잡아먹고 삽니다.

버섯류

생태계에는 생산자(producer)와 소비자(consumer) 외에도 분해자(decomposer)가 존재합니다. 죽은 생물이나 배설물을 분해해 다른 생물이 이용할 수 있게 해 주는 생물을 뜻합니다. 세균과 곰팡이, 버섯 등이 이에 해당합니다.

'숲속의 청소부' 버섯. 버섯은 생태계에서 분해자 역할을 합니다.

분해자는 생태계 안의 에너지 흐름과 물질순환에서 죽은 생물체나 배출물을 분해함으로써 유기화합물을 간단한 무기화합물로 되돌리는 역할을 합니다. 분해자에 의해 되돌려진 양분은 다시 생산자가 먹습니다. 이런 과정을 통해 물질은 순환하게 되는 것입니다. 에너지 흐름의 관점에서는 전환자라는 용어를 쓰기도 합니다.

미호천 생태계와 관련해 관심을 가질 부분은 분해자로서의 버섯입니다. 버섯은 고등균류로서 식물처럼 광합성을 할 수 없기 때문에 유기화합물의 분해를 통해 양분을 얻습니다. 특히 식물체의 주성분인 셀룰로오스와 리그닌의 분해 능력을 갖고 있어 유기물의 분해자로서 자연 생태계에서 큰 역할을 합니다. 버섯을 일컬어 흔히 '생태계의 청소부'라고 합니다. 생태계에 쌓이는 온갖 유기화합물들을 분해해 자연으로 되돌려줌으로써 생태계가 건강하게 유지될 수 있도록 기능하기 때문입니다.

미호강 수계 내에 자라고 있는 버섯류에 대해선 아직 공식적으로 조사 연구된 바 없습니다. 수많은 버섯들이 자라면서 분해자라는 생태계의 구성원으로서 제 역할을 할 것으로 생각합니다.

다음에 소개하는 버섯들은 미호강 수계에서 관찰되는 버섯들의 일부입니다. 이들을 통해 미호강 생태계 안에서 자라고 있는 버섯들의 일면을 살펴보기로 합니다.

■ 주름볏싸리버섯/*Clavuluina rugosa*

볏싸리버섯과의 버섯으로 산지나 공원 등지의 이끼가 낀 땅 위에서 잘 자랍니다.

▪ 볏싸리버섯/*Clavulina coralloides*

볏싸리버섯과의 버섯으로 숲속의
땅 위에서 무리를 이뤄 자랍니다.

▪ 긴골광대버섯아재비/*Amanita longistriata*

활엽수림이나 침엽수림, 혹은 혼
합림 안의 땅 위에서 관찰됩니다.

▪ 애기낙엽버섯/*Marasmius siccus*

주름버섯목 송이과의 버섯으로
활엽수의 낙엽 위에서 무리를 지어
자랍니다.

▪ 뽕나무버섯붙이/*Armillaria tabescens*

뽕나무버섯과의 버섯으로 일명 가다발
버섯, 개암버섯, 글쿠버섯으로 불립니다.

■ 노랑망태버섯/*Phallus luteus*

말뚝버섯과의 버섯으로 서양에
서는 신부의 드레스 같다 하여 드
레스 버섯이라고 부릅니다.

■ 노란달걀버섯/*Amanita javanica*

광대버섯과의 버섯으로 활엽수
혹은 침엽수림 안의 땅에서 무리
를 지어 발생합니다.

■ 접시껄껄이그물버섯/*Leccinum extremiorientale*

그물버섯과의 버섯으로 버섯 갓
의 지름이 최대 30cm까지 자라는
대형 버섯입니다.

■ 흰가시광대버섯/*Amanita virgineoides*

광대버섯과의 버섯으로 버섯 줄기가 닭
다리처럼 생겼다 하여 일명 닭다리버섯이
라고 부르기도 합니다. 최근 독성이 있는
것으로 알려지면서 식용 여부에 대한 논

란이 일고 있습니다.

■ **붉은껍질광대버섯/**_Amanita eijii_

광대버섯과의 버섯으로 일명 흰
거스러미광대버섯이라고도 합니다.

■ **진홍색간버섯/**_Pycnoporus coccineus_

구멍장이버섯과 간버섯속의 버
섯으로 전체적으로 붉은색을 띠고
있습니다.

■ **불로초/**_Ganoderma lucidum_

불로초과의 버섯으로 흔히 영
지, 영지버섯으로 부릅니다. 참
나무의 밑둥치나 그루터기에서
자랍니다.

기타 생물들

저서성 대형무척추동물(수서곤충류 제외)

민물에 사는 생물 가운데 눈으로 확인 가능할 정도의 크기이며 하천이나 호소의 바닥층을 주요 생활 터전으로 삼는 척추가 없는 동물을 '저서성 대형무척추동물'이라고 합니다. 이중 앞의 곤충류에서 다룬 수서곤충을 제외한 생물종을 이번 편에서 다루기로 합니다. 생활의 전부 또는 일부를 물속 바닥층에서 영위하는 편형동물문, 연체동물문, 환형동물문, 절지동물문 등이 이에 해당합니다.

미호강 수계에서는 연가시과의 기생생물인 연가시를 비롯해 환형동물인 거머리류, 연체동물인 우렁이, 달팽이, 다슬기, 민물조개류, 절지동물인 민물새우류, 참게 등이 서식하는 것으로 알려져 있습니다. 이중 참게는 금강 하구둑 건설 이후 이동통로가 단절되면서 바다와 내륙의 하천을 오가는 회유성 개체는 사라진 상태입니다.

■ 연가시/*Gordius aquaticus*

연가시과의 기생생물로 몸이 가늘고 긴 철사 모양을 하고 있어 철선충 혹은 철사벌레라고 부릅니다.

■ 논우렁이/*Cipangopaludina chinensis malleata*

논우렁이과의 연체동물로 논고둥이라고도 부릅니다. 외래종인 왕우렁이가 번진 후 상대적으로 개체수가 적게 나타나고 있습니다.

■ 왕우렁이/*Pomacea canaliculata*

사과우렁이과의 연체동물로 유기농 벼 재배에 활용되면서 인근 하천 등으로 유입되어 서식범위와 개체수가 지속적으로 늘고 있습니다.

■ 달팽이류

집이 있는 달팽이과와 집이 없
는 민달팽이과의 연체동물들을
싸잡아 달팽이류로 부릅니다.

■ 다슬기/*Semisulcospira libertina*

다슬기과의 연체동물로 하천
의 자갈이나 물에 잠긴 바위 면
에 붙어 부착조류 등을 갉아 먹
고 삽니다.

■ 재첩/*Corbicula fluminea*과 말조개/*Nodularia douglasiae*

재첩과의 민물조개인 재첩은
1980년대 이후 수질오염으로
개체수가 현저히 줄어들었다가
2010년대 이후 수질이 다소 개
선되면서 개체수가 되살아나는
추세에 있습니다. 말조개는 바닥

이 진흙으로 이뤄진 일부 정체 수역을 중심으로 관찰되고 있습니다.

사진 왼쪽의 기다란 조개가 말조개이고 나머지는 재첩입니다.

이끼벌레류

이끼벌레류는 태형동물문에 속하며 대부분 여러 개체가 하나의 덩어리처럼 군체를 이뤄 바위나 나뭇가지 등에 붙어 생활하는 고착 생물입니다.

1995년 충청일보 등 국내 일부 언론이 대청호 등에 발생한 이끼벌레들을 집중 보도함으로써 일반인들에게 알려지기 시작했습니다.

당시 관련 당국의 조사를 통해 국내에는 모두 11종의 이끼벌레가 학계에 보고되었으며 이 가운데 학명이 Pectinatella magnifica인 큰빗이끼벌레가 대청호를 비롯한 국내 수계에 널리 서식하고 있는 것으로 파악되었습니다. 큰빗이끼벌레는 본래 북미가 원산지이나 미국 서

1995년 당시 대청호에서 발견된 큰빗이끼벌레. 표면의 흰색 무늬처럼 보이는 것이 큰빗이끼벌레 개체들이며 내부의 우무처럼 생긴 투명한 분비물에 의해 커다란 군체를 이룹니다.

사진은 큰빗이끼벌레의 휴면아(싹이 트지 않은 상태의 꽃눈과 잎눈)입니다. 이 휴면아는 지름 약 1mm의 원형으로 둘레에 10여 개의 갈고리가 나 있어 다른 생물에 달라붙기 쉬운 구조로 되어 있습니다.

부를 거쳐 유럽, 아시아 등지로 번져나가 각 지역의 민물 생태계에 자리 잡은 것으로 알려져 있습니다. 이 종은 갈고리가 달린 휴면아(잠자는 눈)를 통해 무성생식 하는데 이 휴면아는 발아 조건이 맞을 때까지 기다리다가 언제든지 발아 조건이 맞으면 발아해 성체로 자란다고 합니다. 이 휴면아는 물에 뜨는 부유성인 데다 10여 개의 갈고리를 갖고 있어 수중생물의 몸 혹은 새의 깃털 등에 달라붙기 쉬운 구조로 돼 있습니다. 특히 이 휴면아는 육안으로 볼 수 있을 정도의 크기여서 큰빗이끼벌레가 어느 정도 성장한 경우에는 확인이 가능합니다.

- **집왕거미**/*Neoscona nautica*

왕거미과의 절지동물입니다. 숲 등지의 나무 사이에 거미줄을 치고 지나가는 잠자리, 나비 등의 먹잇감을 잡아먹습니다.

- **무당거미**/*Nephila clavata*

무당거미과의 절지동물로 하천변, 초원, 숲 가장자리의 나무 등에서 독특한 거미줄을 치고 걸려드는 먹잇감을 잡아먹습니다.

육상플라나리아

플라나리아과에 속하는 편형동물로 길고 납작하게 생겼습니다. 부채꼴 모양의 머리를 가지고 있는 것이 특징입니다.

주로 축축한 땅 위에서 살아가며 지렁이, 달팽이 등을 공격해 잡아먹는 것으로 알려져 있습니다.

미호강 발원지를 가다

강의 발원지는 중요한 의미를 갖습니다. 강이 물머리를 일으켜 세워 처음으로 흐름을 시작하는 곳이기 때문입니다. 발원지는 강 물줄기의 뿌리, 즉 물뿌리이기도 합니다. 강의 뿌리는 물줄기의 시원(始原)을 넘어 정기(精氣)를 아우르는 보다 신성한 개념입니다. 발원지 하면

충청북도 음성 마이산의 미호강 발원지(화살표) 전경

느껴지는 숙연함과 신성스러움의 이유입니다. 작지만 세계적인 강 미호강의 흐름과 역사도 발원지에서부터 시작됩니다.

미호강의 뿌리를 찾아서

미호강이 물머리를 일으켜 세워 89.2km의 흐름을 시작하는 곳은 충청북도 음성군 관내 마이산의 정상부입니다. 마이산은 충청북도 음성군 삼성면과 경기 안성시 일죽면, 경기 이천시 율면 등 세 지역의 경계에 위치합니다. 이 산의 8부~9부 능선에 삼국시대의 산성인 망이산성이 있어 일명 망이산이라고도 부릅니다. 미호강의 발원지는 정상부의 망이산성 안에 있습니다. 마이산의 정상(해발 472m, 정상석 기준) 남동쪽에 똬리를 틀고 '미호강의 뿌리' 역할을 하고 있습니다.

미호강의 발원지를 찾아 나선 것은 '2022년 무더위'가 한창 극성을 부리던 7월 2일입니다. 음성군 삼성면 양덕리 낚시터 입구에서 시작해 마이산 정상까지 1.7km에 이르는 제2코스를 밟으며 발원지 순례길에 올랐습니다. 등산로는 대부분 숲길로 이어져 따가운 햇빛은 피할 수 있었지만, 바람 한 점 없는 찜통더위는 발걸음을 더 할수록 애꿎은 생수만 연신 들이키게 했습니다. 그나마 평탄한 길을 막 벗어날 즈음 나타난

마이산 등산로 안내도

길앞잡이(딱정벌레목 길앞잡이과) 한 마리가 큰 위안이 되었습니다. 낯선 길손의 걸음 속도에 맞춰 종종걸음으로 앞서가며 길동무를 해준 덕에 까마득히 잊고 지내던 옛 추억을 잠시나마 떠올려 보게 되었습니다.

미호강 발원지 순례길에 길동무가 되어준 '길앞잡이'

길앞잡이는 예전에는 여름철만 되면 시골길에서 흔히 마주쳤던 곤충입니다. 알록달록한 빛깔이 너무 고와 잡으려고 다가가면 금세 달아나고 또 다가가면 어느새 저만치 달아나 어린 코흘리개 마음을 뾰로통하게 했던 추억의 곤충입니다. 그러나 시골길마다 포장이 이뤄지고 농약, 공해 등 서식 환경이 악화하면서 거의 자취를 감춰 지금은 이곳 등산로처럼 인가에서 멀리 떨어진 곳에서나 아주 가끔 만날 수 있게 된 안타까운 생명붙입니다. 길앞잡이와 아쉬운 작별을 한 후 또 한바탕 발걸음을 재촉해 숨이 턱까지 차오를 때쯤 오른쪽으로 전망대가 고속도로 휴게소처럼 반깁니다.

그런데 반가움은 곧 아쉬움으로 변했습니다. 이날 오전 길을 떠나오기 전에 확인한 일기예보로는 미세먼지 상황이 양호하다고 했는데 웬일인지 그 반대였습니다. 마치 안개가 덜 걷힌 듯 시야가 찌뿌듯했습니다. 해서 전망대에서 바라보는 미호강 상류부의 전경은 하산할 때 촬영하기로 하고 또다시 발원지를 향했습니다.

온몸이 땀으로 범벅이 된 후에야 비로소 망이산성에 다다랐습니다. 산성을 마주할 때마다 느끼는 것이

미호강발원지를 찾아서–
충북 음성망이산성

지만, 이곳 망이산성도 적이 접근하기 어려운 곳에 자리 잡고 있습니다. 산성에 들어서서 눈 앞에 펼쳐진 전망을 바라보니 여전히 시야가 맑질 않습니다. 하지만 오랜만에 앞이 탁트인 전경을 보니 반가운 마음에 연신 카메라 셔터가 눌러졌습니다. 특히 남쪽으로 펼쳐진 미호강 수계의 실루엣에 자꾸만 눈길이 갔습니다. 남동쪽의 증평에서 시작해 청주–진천 방향으로 이어지는 파노라마는 오래도록 기억에 남을 것 같습니다.

충북 음성 망이산성에서
바라본 미호강의 발원지

이어 산성 안의 팔각정에 오르니 기둥과 처마 사이로 펼쳐지는 주변 전망이 또 다른 모습으로 다가옵니다. 이 팔각정은 지은 지 그리 오래된 것 같지는 않아 보였습니다.

아! 이곳이 바로 '미호강 발원지'

망이산성 팔각정에서 땀을 식힌 뒤 다시 미호강 발원지를 찾아 나섰습니다. 다행히도 미호강 발원지는 팔각정에서 마이산 정상으로 가

는 길목에 작은 연못 형태로 조성돼 있어 찾기가 쉬웠습니다. 잘 다
듬어진 연못 옆에는 수령을 짐작할 수 없는 버드나무 고목 한 그루가
수호신처럼 지켜 서 있고, 그 옆으로는 이곳이 미호강의 발원지임을
알리는 푯말이 친절하게 객을 맞았습니다.

  발원지에는 특이하게도 수생식물인 가래(가랫과의 여러해살이 물풀)
가 군락을 이루고 있습니다. 해발 500m 가까운 산 정상부의 연못에
가래가 우점하고 있는 모습이 마냥 신기했습니다. 아마도 옛 우물을
연못으로 조성하면서 옮겨 심은 게 아닌가 조심스럽게 추정해 봅니

미호강 발원지의 가래 군락

다. 그렇지 않고 자연적으로 생
겨난 가래 군락이라면 매우 특
이한 사례라고 할 수 있습니다.
이곳 가래는 아직 꽃을 피우
지 않았지만 하늘을 향해 꼿꼿
하게 서 있는 꽃이삭들이 마치
열병식을 하고 있는 병사들처

럼 독특한 분위기를 연출했습니다. 즐비하게 서 있는 가래 꽃이삭 위로 닿을 듯 말 듯 바쁘게 날아다니는 잠자리들을 촬영하는데 또 하나의 반가운 얼굴이 슬그머니 모습을 드러냈습니다.

개구릿과의 대표적인 양서류인 참개구리입니다. 참개구리는 얼마 전까지만 해도 우리나라에서 비교적 흔한 개구리였습니다. 하지만 참개구리 역시 최근 들어 서식지가 파괴되고 환경이 악화하면서 빠르게 모습을 감춰가고 있는 생명붙이입니다. 이런 생명붙이가 해발 500m 가까운 산 정상부의 연못에서, 그것도 가래 한 종이 완전히 점령해 군락을 이루고 있는 흔치 않은 연못에서, 여러 종의 잠자리와 함께 모습을 드러내리라고는 상상조차 하지 못한 일이었습니다. 강과 생명을 주요 주제로 다루게 될 이번 '작지만 세계적인 미호강' 콘텐츠 개발사업의 첫 단추가 잘 끼워지는 느낌이 들었습니다.

그래서 그런지 이날 미호강 발원지에서 만난 생명들이 더욱 소중해 보였습니다. 특히 촬영 도중 카메라 삼각대에 살포시 내려앉아 한

미호강 발원지 촬영 도중 카메라 삼각대에 내려앉아 쉬고 있는 깃동잠자리

참을 쉬었다 날아간 깃동잠자리 암컷은 평상시에 볼 수 없었던 기이한 행동입니다. 우연치 않게 내려앉은 곳이 카메라 삼각대였을 테지만, 그 행동 자체가 미호강이라는 먼 길을 떠나기 위해 첫 출발지인 발원지를 찾은 낯선 객에게는 커다란 응원의 메시지로 여겨졌습니다. 낯선 방문객을 경계하지 않고 오히려 친근하게 다가와 준 깃동잠자리가 그렇게 아름답고 고마울 수가 없었습니다. 발원지에서 느낀 이러한 초심이 이번 사업을 진행하는 동안 꾸준히 이어질 수 있도록 다시 한 번 마음을 다잡아 보는 계기가 되었습니다.

반가운 얼굴들을 뒤로하고 정상을 향해 발걸음을 옮기려고 하는데 녹이 슨 표지판이 눈에 들어왔습니다. 다가가 보니 오래 전에 음성군 삼성면장 명의로 세워진 표지판으로, 연못 형태의 발원지가 조성되기 이전의 상황을 간접적으로나마 전해주는 내용을 담고 있습니다. 이 표지판에 따르면 이곳에는 삼국시대 망이산성 병사들이 식수로 사용하던 약수터가 있었는데, 이 약수터는 명주실타래가 수십척이나 풀려 들어갈 정도로 수심이 깊었다는 이야기가 전해오고 있답니다. 그러면서 이곳을 찾는 등산인들에게 우리의 문화유산을 지키는 데 앞장서 줄 것을 당부하고 있습니다. 어느 면장이신지는 몰라도 지

발원지 조성 이전의 상황을 전해주는 안내표지판

망이산성의 미호강 발원지 물이 산성 밖으로 흘러나가는 서쪽 방향의 전경. 화살표 부근이 미호강 물이 서쪽으로 흘러나가는 곳입니다.

역의 문화유산을 지키려는 마음이 유난히 컸던 분인 것 같다는 생각이 듭니다. 그러나 이 녹슨 표지판 대신 이곳에 발원지 연못을 조성하게 된 배경 등을 담은 새 안내표지판이 서 있었으면 더욱 좋지 않을까 하는 생각을 감히 해 봅니다.

발원지에서 물머리를 일으켜 세운 미호강은 흐름을 시작하자마자 망이산성의 성벽 밑으로 잠시 숨었다가 이내 성벽 밖에서 다시 모습을 드러낸 후 일단 서쪽 방향으로 흐름을 이어갑니다. 이어 마이산 서남쪽 아래에 위치한 충청북도 음성군 삼성면 대사리에서 방향을 남쪽으로 틀어 같은 관내의 양덕저수지로 흘러든 후 농업용수로서 첫 역할을 합니다.

미호강 발원지를 찾아서

마이산은 정상이 여러 곳?

마이산의 정상은 발원지로부터 북서쪽으로 그리 멀지 않은 곳에 위치합니다. 용이 떠받치고 있는 형태의 정상석에는 '마이산 해발

마이산 정상이 해발 472m임을 알리는 정상석

472m'라고 음각돼 있습니다. 정상석 앞에는 제단이 만들어져 있고 주변의 풀은 말끔하게 다듬어져 있습니다. 그런데 어찌된 일인지 마이산에는 정상석이 또 있습니다.

방금 전에 본 정상석(해발 472m)에서 남동쪽으로 약 150m 떨어진 곳에는 옛 봉수대 터가 있는데 이곳에도 산의 정상을 알리는 정상석이 세워져 있습니다. 봉수대터의 정상석에는 '마이산 해발 471.9m 충청북도 음성군'이라고 음각돼 있습니다. 어떤 산악인은 자신의 블로그를 통해 "마이산엔 정상석이 3개"라며 사진과 함께 소개하고 있습니다.

이 산악인에 의하면 이 산의 다른 곳에 또 하나의 정상석이 세워

마이산 정상이 471.9m임을 알리는 정상석

져 있다는 이야기입니다. 왜 이런 일이 벌어졌을까. 그것은 바로 마이산의 정상부가 지자체 두 곳의 경계, 즉 충청북도 음성군과 경기 안성시의 경계에 있기 때문입니다. 망이산성을 알리는 안내표지판이 두 가지

경기도 기념물 제138호 망이산성 안내표지판　　충청북도 기념물 제128호 망이산성 안내표
지판

인 점도 같은 이유입니다.

　발원지 북서쪽에 위치한 정상석(해발 472m) 인근에는 망이산성을
알리는 안내표지판이 서 있습니다.

　경기도가 세운 이 안내표지판에는 "경기도 기념물 제138호[소재지
경기도 안성군(현 안성시) 일죽면 금산리]인 망이산성은 삼국시대에
축조된 것으로 해발 472m의 망이산 정상에서 북쪽으로 낮은 능선을
따라 성벽을 쌓았다. 남쪽으로는 음성군 삼성면과 멀리 진천군 일대
의 들판이 내려다보이는 군사 요지다"라고 소개하고 있습니다. 그러면
서 "산성으로는 흔치 않게 내성과 외성으로 구성된 삼국시대의 중요
한 유적지"라고 부연하고 있습니다. 또 다른 안내표지판은 망이산성
팔각정 앞에 세워져 있습니다.

등산객이 임의로 부착해 놓은 한남금북정맥 및 해발고도 안내표지

충북도가 세운 이 안내표지판에는 "충청북도 기념물 제128호(소재지 충청북도 음성군 삼성면 양덕리 산30-1, 대사리 산7)인 음성 망이산성은 충청북도 음성군 삼성면, 경기도 안성시 일죽면, 이천시 율면의 경계를 이룬 마이산(망이산) 정상부와 8~9부 능선에 토성인 내성과 석축산성인 외성으로 이뤄진 산성이다"라고 소개합니다.

해당 지자체의 입장을 모르는 것은 아닙니다. 하지만 부작용을 생각하지 않을 수 없습니다. 특히 마이산 정상의 해발고도에 관한 혼동이 우려되고, 실제로도 왜곡되고 있는 실정이기에 이를 거론하려는 것입니다. 충북도가 세워놓은 망이산성 안내표지판에는 "(망이산성의) 내성은 정상부 산마루(해발 472.5m)를 중심으로 퇴뫼식 형태로 축조된 토성"이라고 표기되어 있는 것과는 달리 봉수대터 정상석에는 '마이산 해발 471.9m 충청북도 음성군'으로 표기해 놓아 지자체 스스로 혼동을 부추기고

산경표(자료출처 : 한국학중앙연구원. 유남해)

있다는 지적을 받습니다.

　여기에 더해 일반 등산객마저 정상석의 해발고도와 다른 숫자를 쓴 표지를 마음대로 설치해 놓는 경우가 있어 보는 이로 하여금 어떤 게 맞는 것인지 고개를 갸우뚱거리게 만들고 있습니다. 어쨌거나 산의 정상은 단 한 곳뿐이며 정상석도 한 개만 설치하는 게 정상이란 점을 이 기회를 빌려 강조합니다.

마이산과 한남금북정맥, 그리고 미호강

　마이산은 미호강의 발원지, 즉 미호강 물줄기의 뿌리라는 점 외에 또 다른 중요한 역할을 합니다. 바로 한남금북정맥을 이루는 중요한 기능입니다.

　한남금북정맥을 이해하려면 우선 산경표를 알아야 합니다. 산경표는 조선 후기의 문신이자 실학자인 신경준이 조선의 산맥 체계를 도표로 정리해 영조 연간에 편찬한 지리서를 말합니다. 조선의 산줄기를 크게 1개의 대간과 1개의 정간, 13개의 정맥으로 분류한 게 특징입니다. 한남금북정

마이산이 한강과 금강 수계를 구분 짓고 나아가 미호강의 발원지가 되고 있음을 설명해 주는 산경도(산경도 출처 : 네이버)

마이산 정상부가 한남금북정
맥에 속하고 있음을 알려주는
안내 푯말(붉은 원 안)과 노송

맥은 이들 15개의 산줄기 가운데 하나이며, 백두대간의 속리산 천왕
봉에서 시작해 북으로는 한강, 남으로는 금강의 수계를 나눕니다.

    속리산 천왕봉에서 갈라져 나온 한남금북정맥은 경기 안성시의 칠
장산까지 이어지는 커다란 산줄기로, 충북의 중북부 지역을 동서로
가르며 한강과 금강의 수계를 구분 짓는 마루금 역할을 하고 있습니
다. 마루금은 산마루와 산마루를 잇는 선으로 수계를 나누는 중요한
요소입니다. 한남금북정맥은 속리산 천왕봉에서 분기한 뒤 충북 보은
의 말티재-구치-시루산-구봉산-국사봉 등의 산봉우리로 이어지다
가 청주의 선도산과 상당산성을 지나 증평의 좌구산을 거쳐 음성의
보현산과 소속리산을 넘는 등 400~500m급의 산줄기로 줄기차게 이
어집니다. 그러다가 음성의 금왕읍을 지나면서 해발 150m 이하의 구
릉지대를 이룬 뒤 음성의 마이산을 지나면서 다시 해발 500m 가까
운 마루금을 만들어 경기 안성의 칠장산(492m)에 이릅니다. 칠장산
에 다다른 한남금북정맥은 다시 한남정맥과 금북정맥으로 갈라집니

다. 한남정맥은 칠장산에서 북서쪽으로 경기 용인과 수원의 산줄기를 거쳐 부천과 인천을 지나 김포의 문수봉에서 한강 하구로 향하면서 그 맥이 서서히 사라집니다.

칠장산에서 남서쪽으로는 금북정맥으로 이어지는데, 경기 안성을 지나 충남 천안과 예산의 산줄기를 품은 다음 홍성과 당진, 서산을 지나 태안의 지령산에서 서해 바다를 향해 맥을 다합니다. 마이산 정상부의 봉수대터 인근에는

마이산 정상부에 위치한 봉수대터

이 산의 마루금이 범상치 않은 역할을 하고 있음을 알려주는 중요한 푯말이 세워져 있습니다. 마이산의 실제 정상과 헬기장, 황색골산, 약수터의 위치를 알려주는 이정표 기둥에 부착해 놓은 '한남금북정맥'이란 푯말입니다. 이곳 마루금이 바로 한강과 금강 수계를 나누고 있음을 전합니다.

실제로 마이산의 마루금에서 북쪽으로는 한강 수계가 시작되고 남쪽으로는 금강 수계가 시작됩니다. 마루금의 북쪽에서 시작되는 물줄기는 한강 수계를 이루며 청미천-남한강-한강을 거쳐 서해로 흘러듭니다. 반면 마이산 마루금의 남쪽에서 시작되는 물줄기는 금강 수계를 이루며 미호천-금강을 거쳐 서해로 흘러들고 있습니다.

같은 산에서 시작한 물줄기 혹은 같은 날 같은 시간에 떨어진 빗방울이라 하더라도 마루금의 북쪽이냐 남쪽이냐에 따라 한강물이 될 수도 있고 금강물이 될 수도 있는 것입니다. 현재 마이산 정상부의 봉수대터 인근에는 노송 한 그루가 신성스러운 분위기를 자아내며 한남금북정맥의 정기를 온몸으로 전하고 있습니다. 이 노송 주변에는 누군가가 금줄 같은 느낌의 울타리를 설치해 놓아 이런 분위기를 절로 느끼게 합니다.

미호강 발원지의 문화유산 '망이산성과 봉수대터'

망이산성은 마이산의 8부~9부 능선에 위치한 산성입니다. 약 2km에 이르는 외성은 돌로 쌓았으며 그 안으로는 내성인 토성이 위치합니다.

내성은 정상부 산마루를 중심으로 퇴뫼식 형태로 쌓여 있습니다. 산성의 축조 연대는 정확히 밝혀지지 않았으나 학계에서는 내성은 백제 시대에, 외성은 통일신라 시대에 쌓은 것으로 추정합니다. 특히 이 산성은 삼국시대의 군사 요충지로서 중요한 역할을 했던 것으로 알려져 있습니다. 능선의 정상부에는 봉수대터가 있어 그 중요성을 더합니다. 봉수대터는 현재 직사각형의 빈터만 남아 있습니다. 한쪽 옆으로 이곳이 봉수대가 있던 자리임을 알리는 푯말이 호젓하게 서 있을 뿐입니다. 망이산 봉수대터 주변에서는 조선시대의 기와, 자기 조각 등이 발견되었다고 전합니다. 이 망이산 봉수대는 고려 및 조선시대의 것으로 충북지역을 경유하는 세 갈래의 봉수로가 집결되는 중요한 봉수대였던 것으로 전해집니다. 디지털음성문화대전에 의하면 동래-경주-영천-안동-충주를 거쳐 올라오는 제2봉수 노선의 직봉(直烽, 직선봉수)과 소백산맥의 계립령과 추풍령을 넘어오는 두 노선의 간봉(間烽, 간선봉수)이 이곳 망이산 봉수에서 합쳐져서 경기도의 안성과 용인, 광주를 거쳐 서울의 목멱산 봉수로 전달되는 중요 결절점이었다고 합니다.

드디어 '미호강'의 이름으로 흐르다

마이산 정상부의 망이산성에서 내려다보거나 제2등산로의 전망대에서 내려다보면 마이산 남쪽으로 두 개의 작은 저수지가 나란히 위치해 있습니다. 오른쪽 저수지는 양덕저수지이고 왼쪽 저수지는 덕정저수지(모란지)입니다.

두 저수지는 마이산 정상부의 마루금에서 남쪽으로 흘러내린 물이 잠시 가던 길을 멈추고 숨 고르기를 했다가 다시 흐름을 이어가는 휴게소 역할을 합니다. 특히 마이산 정상부의 발원지에서 발원한 미호강 물줄기가 서쪽으로 흐름을 시작했다가 이내 대사리 부근에서 물머리를 급선회해 흘러드는 첫 중간기착지가 바로 양덕저수지입니다. 또 망이산성 팔각정 부근 능선에서 마이산 남쪽 사면을 타고 흘러내린 물줄기는 덕정저수지에 모여 몸을 추스린 뒤 양덕저수지 쪽에서 흘러내린 물줄기와 만나는 음성군 대소면 삼호리 삼호3교 방향을

향해 줄달음질합니다. 마이산 정상부의 미호강 발원지에서 물흐름을 시작해 양덕저수지에서 잠시 머물렀던 물줄기는 양덕저수지를 지나면서 '성산천'이란 이름으로 흘러 역시 음성군 대소면 삼호리 삼호3교에서 모란지 쪽에서 흘러내린 물줄기와 몸을 섞습니다.

그런데 아이러니한 것은 공식적인 미호강 발원지에서 흘러내린 물줄기는 '성산천'이란 이름으로 불리는 반면 발원지가 아닌 마이산 남쪽 사면을 타고 흘러내려 덕정저수지를 거친 물줄기는 '미호천'이란 이름으로 불리며 하류 쪽의 합수 지점을 향한다는 점입니다.

이는 2022년 7월 17일 현재 카카오맵 상의 표기에 따른 내용입니다. 뭔가 잘못된 게 아닌가라는 의구심이 생깁니다. 덕정저수지 쪽의 물줄기에 미호천이란 이름을 사용하는 것 자체가 잘못되었다는 게 아닙니다. 공식적인 발원지에서 발원한 물줄기는 다른 이름으로 부르는 반면 공식적인 발원지가 아닌 곳에서 발원한 물줄기는 미호천으로 부르고 있는 걸 지적하는 것입니다. 이의 해법은 간단하게 생각하면 됩니다. 지자체 등이 나서서 미호강의 발원지를 조성해 놓은 이상이 발원지에서 발원한 물줄기를 우선 미호강 혹은 미호천으로 불러야 하는 게 마땅한 만큼 그동안 성산천으로 불러온 관행을 바꿔 미호강 혹은 미호천으로 명칭을 고쳐 부르면 되기 때문입니다. 그렇게 하면 지금까지 미호천으로 불러온 덕정저수지 쪽 물줄기의 명칭을 군이 변경하지 않아도 됩니다. 덕정저수지 쪽 물줄기 역시 마이산에서 흘러내린 물들이 모인 것이기 때문에 그렇게 부를 만한 이유는 충분합니다. 두 물줄기 모두 미호강 발원지인 마이산에 뿌리를 둔 것이기에 오히려 그러는 편이 합리적일 수도 있습니다.

충북도의 건의에 따라 2022년 7월 7일자로 환경부가 관보를 통해 미호천의 명칭을 미호강으로 변경 고시한 역사적인 전환점을 계기로 이러한 잘못된 관행은 이른 시일 내에 바로잡아야 한다는 주장도 있습니다. 해당 지자체가 먼저 앞장서서 풀어야 할 숙제라는 것입니다. 미호강의 관련 사업 추진도 중요하지만 이름 사용과 같은 중요한 사안에 문제점이 있으면 그것부터 먼저 바로잡는 것이 필요합니다. 이러한 명칭 문제와는 달리 마이산 아래 두 저수지를 경유해 흘러내린 물줄기들은 각기 몸집을 불려가며 흐르다가 음성군 대소면 삼호리 삼호3교에 이르러 합류하면서 비로소 하천다운 모습을 갖추게 됩니다.

이어 3km 정도의 하류 지점에서 칠장천과 만나면서 공식적인 '미호강' 명칭을 얻게 됩니다. 환경부 고시(제2022-132호)에 따르면 당초

●환경부고시 제2022-132호

국가하천(미호천) 명칭 변경 고시

하천법 제7조 및 같은 법 시행규칙 제3조의 규정에 따라 국가하천(미호천)의 명칭을 다음과 같이
변경 고시합니다.

2022년 07월 07일

환경부장관

1. 하천의 명칭(변경) : 당초 미호천 → 변경 미호강
2. 하천의 구간(변경없음)

본류	명칭		구간		변경일	변경사유
	제1지류		시점	종점		
	당초	변경				
금강	미호천	미호강	충북 진천 이월 칠장천 합류점	세종 연기 금강 합류부	2022.7.7.	주민 합의에 따른 지역 요구 사항

국가하천 미호천의 명칭 변경에 관한 환경부 고시

금강의 제1지류였던 미호천을 2022년 7월 7일자로 미호강으로 이름을 변경하되 그 구간은 충청북도 진천군 이월면 칠장천 합류점부터 세종시 연기면 금강 합류부까지로 한다고 명시되어 있습니다.

이 지점부터 명칭도 미호강으로 불리게 된 만큼 어엿한 강으로서 흐름을 이어가며 독특한 생태계의 산실이자 인근 주민들의 애환과 기쁨을 함께하는 삶의 젖줄로서 역할을 충실히 수행할 것으로 기대합니다.

미호강의 역사는 이제부터 다시 시작입니다.

미호강의 생태자원들

문화재청 지정 천연기념물 (22종)

동물 어류

■ **미호종개**/*Cobitis choii*

손영목 박사(서원대학교 명예교수)와 김익수 박사(전북대학교 명예교수)가 1984년 신종 발표한 미호강의 대표 물고기입니다. 금강 수계에서도 미호강 등 극히 일부 수역에서만 서식하는 희귀 유전자원입니다. 그러나 미호종개의 학술적 고향인 미호강의 팔결교 인근에서조차 자취를 감추는 등 개체수가 급속히 줄어들어 급기야 절멸 위기에 놓이게 되었습니다.

미호강은 모래의 강이라고 불릴 만큼 예부터 고운 모래가 많기로 유명했으나 개발에 따른 골재 채취가 곳곳에서 진행된 데다 농공단지 등 산업화에 따른 수질오염의 가속화까지 겹쳐 결국 미호종개를 절멸 위기라는 최악의 지경으로 내몰게 되었습니다. 이에 문화재청에서는 신종 발표 21년 만인 2005년 3월에 천연기념물 454호로 지정하게 됐고 환경부에서는 멸종위기 야생생물 1급으로 지정, 보호하고 있습니다. 문화재청은 2011년 9월 추가로 충남 부여군 규암면 금암리 일원과 청양군 장평면 분향리 일원의 미호종개 서식지를 천연기념물 533호로 지정하였습니다.

동물 포유류

■ 하늘다람쥐/*Pteromys volans*

문화재청의 국가문화유산포털에 따르면 백두산 일원에서는 흔히 발견되는 것으로 알려져 있지만 남한의 중부지방에서는 매우 희귀할 뿐만 아니라 우리나라 특산아종이므로 천연기념물로 지정·보호하고 있습니다.

야행성이기 때문에 낮에는 주로 잠을 자다가 해가 질 무렵부터 활동을 시작합니다. 딱다구리가 파놓은 나무 구멍 혹은 인공 새집을 둥지로 삼는 경우가 많습니다. 나무 구멍이 없는 경우 나뭇가지와 풀잎 등을 이용해 직접 둥지를 트는 경우도 있습니다. 가까운 거리는 네발로 기어서 이동하지만 나무와 나무 사이를 이동할 때에는 비막을 이용해 활공합니다. 하늘다람쥐란 이름은 하늘을 활공하는 다람쥐란 의미에서 붙여졌습니다. 미호강 수계에서는 증평군 관내의 한 느티나무 노거수에서 소수의 개체가 서식하는 것으로 확인되었습니다.

■ 수달/*Lutra lutra*

족제비과에 속하는 야행성 동물로 주로 물가에 살면서 바위 구멍, 나무뿌리 밑 등지에 굴을 파고 보금자리를 마련합니다. 물고기, 개구리, 뱀, 심지어 오리류까지 잡아먹는 수생태계의 최강자입니다. 그러나 다른 족제비과 동물과 달리 성격이 비교적 온순해 인가 근처까지 곧잘 접근하거나 사람을 무서워하지 않는 경향이 있습니다. 미호강의 대표적인 지류인 청주 무심천과 증평 보강천 등지에서 심심찮게 수달이 발견되는 이유는 바로 이같은 특성 때문입니다. 도시 하천을 찾는 개체수가 늘면서 로드킬을 당하는 사례도 발생하고 있어 하천 주변 도로를 통과하는 차량은 세심한 주의가 필요합니다. 어업 허가 지역에서는 어부들이 쳐놓은 그물 속의 물고기를 빼가기 위해 이빨로 그물을 찢어 놓는 경우가 있어 원망의 대상이 되거나 심지어 밀렵의 대상이 되기도 합니다.

■ 황새/*Ciconia boyciana*

미호강의 자연 생태와 관련해 가장 관심을 가져야 할 '생물과학기념물'입니다. 과거 우리나라의 텃황새(텃새로서의 황새)가 마지막까지 살았던 곳이 바로 미호강 최상류 지역이기 때문입니다. 한반도에서 텃황새가 사라진 후 겨울철에만 모습을 드러내는 황새는 시베리아 등지에서 날아오는 겨울 철새이기에 예전의 텃황새와는 그 의미가 사뭇 다릅니다. 이후 미호강 인근의 한국교원대학교가 1996년부터 텃황새 복원에 나서고 있습니다. 텃황새 복원을 시작한 지 26년 만인 2022년 인공사육장인 충남 예산황새공원 외의 6개 지역에서 모두 20마리가 자연 번식하는 등 결실을 내고 있습니다. '미호강발(發) 한반도 황새복원 프로젝트'가 그 빛을 발하고 있는 것입니다.

■ 고니/*Cygnus columbianus*

큰고니와 함께 일명 '백조'라고 불리는 대표적인 겨울 철새입니다. 최근들어 개체수가 더욱 줄어드는 바람에 도래지에서도 관찰하기가 쉽지 않은 새가 되었습니다. 얼핏 보면 큰고니와 흡사하나 몸집이 큰고니보다 작은 반면 노란 부리를 덮고 있는 검은색 부분이 큰고니보다 넓습니다. 큰고니처럼 미호강에는 한반도 남부지역을 오가는 무리 중 일부가 이동 중에 들러 휴식을 취하는 모습을 관찰할 수 있습니다. 큰고니처럼 다 자라지 않은 미성숙새는 몸이 회갈색을 띠고 있습니다. 국제자연보전연맹(IUCN)의 적색목록에 최소관심종(LC), 한국적색목록에 취약종으로 분류돼 있습니다.

■ 큰고니/*Cygnus cygnus*

국제자연보전연맹(IUCN)의 적색목록에 최소관심종(LC), 한국적색목록에 취약종(VU)으로 분류돼 있습니다. 고니와 비슷하나 부리의 노란색 부분이 더 넓습니다. 우리나라에는 겨울에 찾아오는 겨울 철새입니다. 낙동강 하구 혹은 전라남도 진도·해남 등지의 월동지로 이동하는 무리 중 일부가 미호강에 잠시 들러 휴식을 취한 후 다시 이동합니다.

■ 노랑부리저어새/*Platalea leucorodia*

저어새와 비슷하게 생겼으나 부리 끝 부분이 노란색을 띠고 있어 구별됩니다. 이 노란색은 겨울에는 옅어지고 여름에 더욱 선명해집니다. 주로 해안가, 간척지 등에서 생활하지만 간혹 큰 강의 하구 쪽에 나타나기도 합니다. 그동안 금강에는 중하류의 강경지역에 적은 개체가 나타나 잠시 머물다 간 적은 있으나 그보다 상류 지역에서는 발견된 사례가 없습니다. 그러나 2022년 1월 충청북도 청주시 관내 미호강에서 돌연 1마리의 노랑부리저어새가 관찰돼 학계를 깜짝 놀라게 하였습니다. 학계에서는 '노랑부리저어새의 미호강 깜짝 방문'을 참으로 이례적인 사례로 보고 있습니다.

■ **독수리/*Aegypius monachus***

독수리는 겨울철에 우리나라를 찾아 월동하는 겨울 철새입니다. 주로 경기도 파주, 연천 등 비무장지대를 찾지만 최근 들어 경상남도 고성에만 한 해 600마리 이상이 찾아와 겨울을 나는 등 한반도 남쪽 지방이 독수리의 새 월동지로 주목받고 있습니다. 이처럼 독수리의 한반도 월동 개체군에 변화가 오면서 한반도 중부 내륙에 위치한 미호강의 조류 생태에도 변화가 나타나고 있습니다. 독수리의 겨울철 출현 빈도와 개체수가 크게 늘고 있습니다. 미호강이 독수리의 중간 기착지 역할을 하고 있는 것입니다. 2022년 2월~3월의 경우 충청북도 청주 관내의 미호강에서 하루에 많게는 40~50여 마리가 관찰되기도 하였습니다.

■ **흰꼬리수리/*Haliaeetus albicilla***

최근 들어 미호강에서 개체수는 적지만 겨울철에 자주 발견되는 보호조류입니다. 성숙한 어미새의 꼬리가 흰색이어서 흰꼬리수리라는 이름이 붙었지만 우리나라를 찾는 개체들은 대부분 생후 5년 이하의 미성숙 새입니다. 미성숙 새는 꼬리 부분에 흰 깃털이 있으나 전체적으로 어두운 색을 띠고 있습니다. 이 때문에 흰꼬리수리가 나타난 지역의 주민들은 이 새의 방문 사실을 잘모르는 경우가 많습니다.

미호강 인근 주민들 역시 흰꼬리수리의 겨울철 도래 사실을 잘 모르고 있습니다. 이 새의 특징은 수리과의 맹금류답게 날개폭이 넓고 끝 부분이 갈라진다는 것입니다.

■ 참매/*Accipiter gentilis*

우리나라에서 적은 개체가 번식하기도 하지만 대부분은 겨울철에 관찰되는 수리과의 겨울 철새입니다. 미호강에서는 겨울철 하천 주변의 개활지에서 주로 관찰됩니다. 배 부위에 세밀한 가로줄 무늬가 있고 눈썹 위에는 흰 눈썹선이 굵고 뚜렷한 게 특징입니다. 같은 종이지만 약간 다른 아종으로 몸빛이 희게 보이는 흰참매가 있습니다. 먹이로는 주로 꿩과 비둘기, 오리 같이 날아다니는 새들을 빠르게 따라가 잡아먹으며 청설모나 다람쥐 같은 작은 포유류를 잡아먹기도 합니다.

■ 붉은배새매/*Accipiter soloensis*

몸길이가 30~33cm 가량으로 몸집은 작지만 다른 동물을 잡아먹고 사는 맹금류입니다. 등 부위의 색이 푸른빛을 띤 회색이어서 다른 새매류와 쉽게 구별되는 수리과의 여름 철새입니다. 우리나라에서 살거나 찾아오는 맹금류의 대부분이 천연기념물과 멸종위기 야생생물로 지정돼 보호받고 있는데 이 새 역시 천연기념물과 멸종위기 야생생물 II급으로 지정돼 있습니다. 주로 잡아먹는 먹잇감은 각종 쥐를 비롯해 작은 새와 개구리, 곤충들입니다.

■ **새매**/*Accipiter nisus*

참매와 비슷하게 생겼으나 몸집이 작고 눈 위에 있는 눈썹선도 참매보다 가늘어 구별됩니다. 번식기에는 암수가 함께 생활하지만 번식기가 아닌 철에는 단독생활을 한다고 합니다. 최근 우리나라 일부 지역에서 번식한 사례가 알려졌지만 겨울철에 주로 관찰되는 겨울 철새입니다. 몸길이는 32~39cm 정도로 참매(50~56cm)보다는 훨씬 작고 붉은배새매(30~33cm)보다는 약간 큰 편입니다.

■ **황조롱이**/*Falco tinnunculus*

우리나라에서 번식해 사시사철 머무는 매과의 텃새입니다. 매과의 맹금류는 엄격한 규제와 각종 국제협약을 통해 보호하고 있는 종이 많습니다. 우리나라에서는 드물지 않은 텃새이지만 천연기념물로 지정해 보호하고 있는 것은 이같은 국제적 추세와 더불어 예부터 사냥과 관련된 문화성도 가지고 있기 때문입니다.

최근 들어 서식지가 파괴되면서 도시 지역의 아파트 건물 등에서 번식하는 사례가 많아지고 있습니다. 황조롱이 하면 정지비행이 떠오를 정도로 정지비행을 잘합니다. 정지비행은 먹잇감을 찾거나 잡기 위해 일시적으로 공중에 정지해 있는 고도의 비행술입니다. 정지비행을 호버링(Hovering)이라고도 합니다.

■ 올빼미/*Strix aluco*

주로 밤에 활동하는 야행성 텃새입니다. 작은 새나 들쥐, 곤충류를 먹고 사는데 이들 먹잇감이 농약 등에 오염되는 사례가 늘면서 개체수가 감소 추세에 있습니다. 올빼미와 부엉이를 포함한 올빼미과 조류는 전 세계적으로 120여 종이 있는데 우리나라에는 11종이 기록돼 있습니다. 올빼미과 조류는 국제적으로 보호하고 있으며 우리나라는 11종 중 7종이 천연기념물로 지정돼 보호받고 있습니다. 과거에는 올빼미들이 느티나무 등 각종 노거수의 빈 구멍에 보금자리를 틀어 생활하거나 번식하는 경우가 많았습니다. 따라서 한때 노거수 보호를 목적으로 나무 구멍을 막는 외과수술이 전국적으로 유행하자 일부 환경단체 등이 나서서 외과수술을 반대하는 목소리를 높이기도 하였습니다.

■ 수리부엉이/*Bubo bubo*

몸길이가 약 70cm로 우리나라의 올빼미과 조류 가운데 몸집이 가장 큽니다. 부엉이류의 특징인 귀깃을 갖고 있습니다. 주로 큰 바위가 있는 절벽 등지에 보금자리를 마련합니다. 보금자리는 특별한 재료를 물어다 새둥지처럼 짓는 게 아니라 알이 굴러떨어지지 않을 정도의 편평한 곳을 선택해 그대로 사용합니다. 특이한 것은 이 같은 '날바닥의 보금자리'에 알을 낳아 부화시켜 새끼를 기르면서도 번식기가 봄이 채 오기 전인 늦겨울이란 점입니다. 해에 따라서는 눈 속에서 새끼를 육추하는 장면이 포착되기도 합니다. 이 처럼 서둘러 번식기를 갖는 것은 먹이가 풍부한 여름에 새끼를 독립시키기 위한 종 특성인 것으로 알려져 있습니다.

■ 솔부엉이/*Ninox scutulata*

흔하지 않은 올빼미과의 여름 철새입니다. 몸길이 약 30cm로 올빼미과 중에서는 작은 편에 속합니다. 이 새의 특징은 부엉이란 이름이 붙어 있으면서도 부엉이류의 특징인 귀깃이 없고 올빼미과의 특징인 뚜렷한 얼굴면도 없는 점입니다. 깊은 산속보다는 도시 근교의 공원 내 노거수 등의 빈 나무 구멍에 둥지를 틀고 새끼를 번식합니다. 미호강 수계 내에서는 증평군 관내 노거수에서 2021년과 2022년 연이어 새끼를 번식하는 장면이 관찰되었습니다. 미호강 수계에서 만난 솔부엉이 어미들은 새끼의 크기에 따라 곤충 등 다양한 종류의 먹잇감을 물어다 먹이는 것이 확인되었습니다.

■ 소쩍새/*Otus sunia*

소쩍 소쩍 울면서 한반도의 여름밤을 더욱 한국스럽게 각인시켜 온 주인공입니다. 몸길이 약 20cm로 우리나라의 올빼미과 조류 가운데 몸집이 가장 작습니다. 부엉이류처럼 귀깃을 갖고 있습니다. 주로 밤에 활동하며 곤충류나 거미류를 먹고삽니다. 속설에 의하면 소쩍새가 소쩍 소쩍 울지 않고 소쩍다(솥적다) 소쩍다(솥적다) 울면 그해

에 풍년이 든다고 믿었답니다. 이 새가 소쩍다 소쩍다 울면 그해 가을
에는 솥이 적을 만큼 곡식이 넘쳐날 것을 미리 예견하였습니다는 것
입니다. 그러나 아쉽게도 이 새 또한 먹이 오염과 서식지 파괴 등으로
갈수록 개체수가 줄어드는 추세입니다.

■ 원앙/*Aix galericulata*

　문화재청의 국가문화유산포털에 의하면 원앙은 세계적으로 2만~3
만여 마리밖에 남아있지 않은 데다 그 모습이 매우 아름다워 선조들
로부터 사랑을 받아온 진귀한 새이므로 천연기념물로 지정해 보호하
고 있습니다. 우리나라에서 태어난 텃새로서 일년 내내 생활하는 개
체도 있지만 겨울에만 찾아오는 겨울 철새 개체도 있습니다. 오리과
의 조류이지만 숲속의 나무 구멍에 둥지를 틀고 새끼를 번식하는 특
징이 있습니다. 원앙의 암컷과 수컷의 모습이 너무나 큰 차이를 보여
수컷은 원(鴛), 암컷은 앙(鴦)이라고 불렀는데 어느 때부터인가 원과
앙이 같은 종이라는 사실이 알려진 뒤부터는 둘을 합쳐 '원앙'이라고
불렀다고 합니다.

■ 재두루미/*Grus vipio*

　재두루미는 우리나라의 천연기념물이자 국제적인 멸종위기종입니
다. 우리나라에는 겨울에 찾아오는 철새로 주로 경기도 파주와 강원도
철원지역을 찾아오고 있습니다. 일부 개체는 그 밖의 지역에서 월동하

기 위해 이동하다가 미호강에 잠시 들러 쉬었다 가는 개체들을 간혹 볼 수 있습니다. 이런 경우의 미호강을 재두루미의 중간기착지라 부릅니다. 미호강의 생태적 지위와 기능을 엿볼 수 있는 사례입니다.

동물 번식지

■ 진천 노원리 왜가리 번식지/*Ardea cinerea*

충청북도 진천 노원리 왜가리 번식지는 1962년 12월 7일 천연기념물 13호로 지정할 당시만 해도 우리나라의 대표적인 왜가리 번식지였습니다. 보호구역 내에 자라고 있던 은행나무를 중심으로 해마다 수백 마리의 왜가리(백로과 여름 철새)들이 날아와 둥지를 틀고 새끼를 번식하였습니다. 왜가리 뿐만 아니라 같은 백로과의 여름 철새인 중대백로, 중백로, 쇠백로 등이 찾아와 번식기만 되면 그 일대가 장관을 이루곤 하였습니다. 하지만 천연기념물 지정 60년이 지난 지금은 왜가리는 물론 다른 백로과 새들도 일체 찾아오지 않는 '이름만 천연기념물'인 안타까운 장소가 되었습니다.

■ 청주 공북리 음나무/*Kalopanax septemlobus*

음나무는 보통 엄나무로 불리기 때문에 잘 모르는 경우가 있을 수 있습니다. 나무에 가시가 많이 돋아 있어 예부터 악귀를 물리치는데 활용해 왔습니다. 여름철 보양식으로 삼계탕을 끓일 때 흔히 넣는 재료가 바로 이 나무입니다. 청주 공북리 음나무는 수령이 약 700년으로 추정되며 가슴 높이의 둘레가 약 5m, 높이 약 10m에 이를 정도로 거대합니다. 이 나무가 이토록 오래도록 건재한 것은 주민들이 정성을 들여 보호해 온 때문입니다.

■ 청주 연제리 모과나무/*Chaenomeles sinensis*

미호강이 품고 있는 소중한 생물과학기념물입니다. 수령이 500년 이상 된 노거수로 조선 세조 초에 이곳(충청북도 청주시 흥덕구 오송읍 연제리)에 은거하던 류윤이 세조의 부름을 받았을 때 이 모과나무를 가리키며 쓸모없는 사람이라며 거절하자 세조가 친히 '무동처사'라는 어서를 하사하기도 하였다고 전해집니다. 이러한 유서 깊은 나무로 생물학적 가치뿐만 아니라 역사·문화적 가치도 커 천연기념물로 지정돼 보호받고 있습니다. 500여 년이라는 장구한 세월을 견뎌온 노거수여서 줄기 속이 모두 텅 빈 상태이지만 아직도 봄이면 무성한 잎과 꽃을 피우고 여름에는 열매를 맺는 등 왕성한 생명력을 보이고 있습니다. 나무 높이는 약 13m, 가슴 높이의 둘레는 약 4m에 이릅니다. 일반 가정집 담장 안이나 공원 화단에서 흔히 볼 수 있는 모과나무가 이처럼 큰 덩치의 노거수로 자라기까지 얼마나 많은 풍상을 겪었을지 생각해 보면 저절로 감탄사가 나옵니다. 인근에는 연제저수지(일명 돌다리방죽)가 있는데 이 저수지 남동쪽으로는 미호강의 역사적 뿌리를 50만 년 전으로 끌어올린 만수리유적이 발굴된 곳입니다.

환경부 지정 멸종위기 야생생물 (25종)

포유류

■ 수달(I)/*Lutra lutra*

수달 역시 천연기념물이자 멸종위기 야생생물 I급으로 지정된 미호강의 대표 포유동물입니다. 족제비과에 속하는 야행성 동물로 주로 물가에 살면서 바위 구멍, 나무뿌리 밑 등지에 굴을 파고 보금자리를 마련합니다. 물고기, 개구리, 뱀, 심지어 오리류까지 잡아먹는 수생태계의 최강자입니다. 어업 허가 지역에서는 어부들이 쳐놓은 그물 속의 물고기를 빼가기 위해 이빨로 그물을 찢어 놓는 경우가 있어 원망의 대상이 되거나 심지어 밀렵의 대상이 되기도 합니다.

▪ 삵(II)/*Prionailurus bengalensis*

한반도에 생존하는 유일한 고양잇과 야생동물로 국제자연보전연맹 (IUCN)의 적색목록에 최소관심종(LC), 한국적색목록에 멸종위기 범주인 취약종(VU)으로 분류돼 있습니다. 멸종위기에 처한 야생 동식물의 국제거래에 관한 협약인 CITES에도 부속서 I에 속해 있습니다. CITES의 부속서 I에 속한 종은 무역이 중지되지 않으면 멸종될 생물종을 말합니다. 그만큼 보호가 필요한 종입니다. 이마부터 뒷통수로 이어지는 흰 줄무늬와 귀 뒤의 흰색 반달무늬, 뺨에 있는 세 줄의 갈색 줄무늬가 특징입니다.

▪ 하늘다람쥐(II)/*Pteromys volans aluco*

국제자연보전연맹(IUCN)의 적색목록에 최소관심종(LC), 한국적색목록에 취약종(VU)으로 분류돼 있습니다. 멸종위기에 처한 야생동식물의 국제거래에 관한 협약인 CITES에는 부속서 I에 속해 있습니다. CITES의 부속서 I에 속한 종은 무역이 중지되지 않으면 멸종될 생물종을 말합니다. 서식지 파괴로 멸종위기에 처해 있으며 미호강 수계에서는 증평군 관내의 느티나무 노거수에서 소수 개체가 관찰됩니다.

■ 황새(Ⅰ)/*Ciconia boyciana*

천연기념물이자 멸종위기 야생생물 Ⅰ급으로 지정된 국내 몇 안 되는 소중한 유전자원입니다. 미호강의 자연 생태와 관련해 가장 관심을 가져야 할 '생물과학기념물'입니다. 과거 우리나라의 텃황새(텃새로서의 황새)가 마지막까지 살았던 곳이 바로 미호강 최상류 지역이기 때문입니다.

한반도에서 텃황새가 사라진 후 겨울철에만 모습을 드러내는 황새는 시베리아 등지에서 날아오는 겨울 철새이기에 예전의 텃황새와는 그 의미가 사뭇 다릅니다.

■ 흰꼬리수리(Ⅰ)/*Haliaeetus albicilla*

천연기념물이자 멸종위기 야생생물 Ⅰ급으로 지정된 소중한 몸입니다. 최근 들어 미호강에서 개체수는 적지만 겨울철에 자주 발견됩니다. 성숙한 어미새의 꼬리가 흰색이어서 흰꼬리수리라는 이름이 붙었지만 우리나라를 찾는 개체들은 대부분 생후 5년 이하의 미성숙 새입니다. 미성숙 새는 꼬리 부분에 흰 깃털이 있지만 전체적으로 어두운 색을 띠고 있습니다. 이 때문에 흰꼬리수리가 나타난 지역의 주민들은 이 새의 방문 사실을 모르는 경우가 다반사입니다.

■ 수리부엉이(II)/*Bubo bubo*

국제자연보전연맹(IUCN)의 적색목록에 최소관심종(LC), 한국적색목록에 멸종위기 범주인 취약종(VU)으로 분류돼 있습니다. 멸종위기에 처한 야생동식물의 국제거래에 관한 협약인 CITES에는 부속서 II에 속해 있습니다. CITES의 부속서 II에 속한 종은 현재 멸종위기에 처해 있지는 않지만 국제거래를 엄격하게 규제하지 않을 경우 멸종위기에 처할 수 있는 종입니다. 우리나라의 올빼미과 조류 가운데 몸집이 가장 큽니다. 부엉이류의 특징인 귀깃을 갖고 있으며 주로 큰 바위가 있는 절벽 등지에서 생활합니다.

■ 올빼미(II)/*Strix aluco*

국제자연보전연맹(IUCN)의 적색목록에 최소관심종(LC), 한국적색목록에 멸종위기 범주인 취약종(VU)으로 분류돼 있습니다. 멸종위기에 처한 야생 동식물의 국제거래에 관한 협약인 CITES에는 부속서 II에 속해 있습니다. 야행성 텃새로 작은 새나 들쥐, 곤충류를 먹고 삽니다. 이들 먹잇감이 농약 등에 오염되는 사례가 늘면서 개체수가 감소 추세에 있습니다.

■ 고니(II)/*Cygnus columbianus*

큰고니와 함께 일명 '백조'라고 불리는 대표적인 겨울 철새입니다. 큰고니와 흡사하나 몸집이 큰고니보다 작은 반면 노란 부리를 덮고 있는 검은색 부분이 큰고니보다 넓습니다. 미호강에는 한반도 남부지역을 오가는 무리 중 일부가 이동 중에 들러 휴식을 취하는 모습을 관찰할 수 있습니다. 국제자연보전연맹(IUCN)의 적색목록에 최소관심종(LC), 한국적색목록에 취약종(VU)으로 분류돼 있습니다.

■ 큰고니(II)/*Cygnus cygnus*

국제자연보전연맹(IUCN)의 적색목록에 최소관심종(LC), 한국적색목록에 취약종(VU)으로 분류돼 있습니다. 고니와 비슷하나 부리의 노란색 부분이 더 넓습니다. 우리나라에는 겨울에 찾아오는 겨울 철새입니다. 낙동강 하구 혹은 전라남도 진도, 해남 등지의 월동지로 이동하는 무리 중 일부가 미호강에 잠시 들러 휴식을 취한 후 다시 이동합니다.

■ 큰기러기(II)/*Anser fabalis*

국제자연보전연맹(IUCN)의 적색목록과 한국적색목록에 최소관심종(LC)으로 분류돼 있습니다. 큰부리큰기러기와 매우 흡사하나 큰이마기러기는 이마와 부리경사가 완만한 반면 큰기러기는 이마가 둥근 형태이며 부리가 짧고 뭉툭합니다. 겨울 철새로 국내에는 철원평야, 시화호, 천수만, 주남저수지 등이 주요 도래지이나 미호강 인근 농경지에도 일부가 도래합니다.

■ 흰목물떼새(II)/*Charadrius placidus*

국제자연보전연맹(IUCN)의 적색목록에 최소관심종(LC), 한국적색목록에 취약종(VU)으로 분류돼 있습니다. 꼬마물떼새와 흡사하나 꼬마물떼새보다 부리와 다리가 깁니다. 주로 자갈이 많은 강가에서 번식합니다. 강과 하천의 자갈밭과 모래톱 소실로 인해 서식지가 위협받고 있습니다.

■ 큰말똥가리(II)/*Buteo hemilasius*

국제자연보전연맹(IUCN)의 적색목록에 최소관심종(LC), 한국적색목록에 준위협종(NT)으로 분류돼 있습니다. 드문 겨울 철새로 농경지, 간척지, 개활지 등에서 주로 활동하며 쥐와 작은 새 등을 잡아먹습니다.

■ 독수리(II)/*Aegypius monachus*

독수리는 겨울철에 우리나라를 찾아 월동하는 겨울 철새입니다. 미호강은 독수리의 중간기착지로 이동 시기에 자주 목격됩니다. 2022년 2월~3월의 경우 충청북도 청주 관내의 미호강에서 하루에 많게는 40~50여 마리가 관찰되었습니다. 하지만 미호강 주변에 이들의 먹잇감이 부족해 오래 머물지 못하고 휴식이 끝나면 곧바로 이동합니다.

■ 새호리기/*Falco subbuteo*

여름 철새이며 몸길이가 28~34cm 정도로 비교적 작은 맹금류에 속합니다. 좁고 긴 날개를 가지고 있어 곤충을 사냥할 때 제비처럼 날렵하게 비행하는 특성이 있습니다. 6월 초쯤에 번식하며 둥지는 직접 틀지 않고 대부분 까치나 큰부리까마귀 같은 다른 새들의 둥지를 이용하는 습성이 있습니다. 국제자연보전연맹(IUCN) 적색목록과 한국적색목록에 최소관심종(LC)으로 분류돼 있습니다. 멸종위기에 처한 야생동식물의 국제거래에 관한 협약인 CITES에는 부속서 II에 속해 있습니다. CITES의 부속서 II에 속한 종은 현재 멸종위기에 처해 있지는 않지만 국제거래를 엄격하게 규제하지 않을 경우 멸종위기에 처할 수 있는 종입니다.

■ 참매/*Accipiter gentilis*

참매는 국제자연보전연맹(IUCN) 적색목록에 최소관심종(LC), 한국적색목록에 취약종(VU)으로 분류되어있는 수리과 새매속의 겨울 철새입니다.

■ 붉은배새매/*Accipiter soloensis*

붉은배새매는 수리과의 드문 여름 철새로 국제자연보전연맹(IUCN) 적색목록과 한국적색목록에 최소관심종(LC)으로 분류되어 있습니다. 또 멸종위기에 처한 야생동식물종의 국제거래에 관한 협약(CITES)에는 부속서II에 속해 있습니다. 부속서II에 속한 종은 현재 멸종위기에 처해 있지는 않지만 국제거래를 엄격하게 규제하지 않을 경우 멸종위기에 처할 수 있는 종을 의미합니다.

■ **새매/*Accipiter nisus***

국제자연보전연맹(IUCN) 적색목록과 한국적색목록에 최소관심종 (LC)으로 분류돼 있고 CITES에는 부속서II에 속해 있는 종입니다. 국제거래를 엄격하게 규제하지 않을 경우 멸종위기에 처할 수 있는 종입니다.

■ **벌매/*Pernis ptilorhynchus***

벌매는 이름에서 느껴지듯이 벌과 관련이 있는 맹금류입니다. 주로 땅굴 속에 지은 땅벌 집을 찾아내 그 안에 있는 애벌레를 잡아먹는 특이한 습성이 있습니다. 그래서 우리나라에는 땅벌 등이 벌집을 짓는 여름철에 주로 나타납니다.

양서류

■ **맹꽁이(II)/*Kaloula borealis***

국제자연보전연맹(IUCN)의 적색목록에 최소관심종(LC), 한국적색목록에 멸종위기 범주인 취약종(VU)으로 분류돼 있습니다. 농경지, 하천 주변의 습지 등에 살면서 대부분을 땅속에서 생활합니다. 야행성인 데다 번식기 외엔 울음소리를 내지 않아 사람의 눈에 잘 띄지 않습니다. 번식기는 6월~8월이며 주로 비가 많이 내리는 장마철에 집단으로 모여 산란합니다. 땅을 잘 파고들어 쟁기발개구리라고도 부릅니다.

▪ 금개구리(II)/*Pelophylax chosenicus*

개구리과 개구리속에 속하는 양서류로 우리나라에만 서식하는 고유종입니다. 국제자연보전연맹(IUCN)의 적색목록에 취약종(VU), 한국적색목록에 취약종(VU)으로 분류돼 있습니다. 등 양쪽에 금빛이 나는 선이 2개 나있습니다. 참개구리는 줄이 3개입니다. 곤충류를 주로 잡아먹으며 논이나 물웅덩이, 습지 등에서 생활합니다.

어류

▪ 미호종개(I)/*Cobitis choii*

미호강의 대표 물고기로 천연기념물이자 멸종위기 야생생물 I급으로 지정된 귀하디 귀한 민물 어류입니다. 손영목 박사(서원대학교 명예교수)와 김익수 박사(전북대학교 명예교수)가 1984년에 신종 발표하였습니다. 금강 수계에서도 미호강 등 극히 일부 수역에서만 서식하는 희귀 유전자원입니다. 그러나 미호종개의 학술적 고향인 미호강의 팔결교 인근에서조차 자취를 감추는 등 개체수가 급속히 줄어들어 급기야 절멸 위기에 놓이게 되었습니다.

■ 흰수마자(I)/*Gobiobotia nakdongensis*

국가적색목록 평가에서 위기종(EN)으로 평가된 잉어과의 민물고기입니다. 한강과 금강, 낙동강 일대 하천에 제한적으로 서식하는 한국 고유종입니다. 수심이 얕고 바닥에 가는 모래가 쌓여 있으며 유속이 느린 여울부에 주로 서식합니다. 이 같은 서식 환경은 미호종개와도 겹쳐 과거 미호종개 서식지에서는 두 어종이 함께 출현하는 경우가 많았으나 최근에는 두 어종 모두 멸종위기 야생생물 I급으로 지정돼 보호할 만큼 매우 보기 드문 물고기가 되었습니다.

곤충

■ 꼬마잠자리(II)/*Nannophya pygmaea*

국제자연보전연맹(IUCN)의 적색목록에 최소관심종(LC), 한국적색 목록에 취약종(VU)으로 분류돼 있습니다. 유충의 몸길이는 8~9mm, 성충의 몸길이는 15~17mm 밖에 안 될 정도로 매우 작습니다. 수컷은 선명한 붉은색, 암컷은 갈색과 노란색을 띠고 있습니다. 산지의 습지 혹은 묵은 논 등지에서 서식합니다. 한낮에 햇빛이 내리쬐면 물구나무를 서듯 배를 하늘로 향하는 습성이 있습니다.

식물

■ 가시연(II)/*Euryale ferox*

수련과의 한해살이풀로서 국제자연보전연맹(IUCN)의 적색목록에 최소관심종(LC)으로, 한국적색목록에 취약종(VU)으로 분류된 보호종입니다. 커다란 잎의 양면 잎맥 위에 날카로운 가시가 돋기에 가시연 혹은 가시연꽃이라는 이름을 얻었습니다. 연이라는 명칭과는 달리 씨앗으로 번식해 흔히 연근으로 알려진 뿌리줄기가 없습니다. 미호강 수계에서는 진천군 관내의 작은 늪지에서 발견됩니다.

■ 산작약(II)/*Paeonia obovata*

한국적색목록에 멸종위기 범주인 위급종(CR)로 분류돼 있습니다. 작약과의 여러해살이풀로 산지의 반 그늘진 곳에 자생합니다. 희귀한 데다 꽃이 아름다워 자생지가 알려지면 쉽게 훼손당하는 경우가 많습니다. 약용과 관상용으로 무분별한 채취가 이뤄지면서 멸종위기에 놓이게 되었습니다. 미호강 수계에서는 일부 산지에서 관찰되나 개체수가 극히 적어 곧 사라질 위기에 있습니다.

산림청 지정 희귀식물 (괄호 안은 지정 구분) (총 17종)

■ 미선나무(멸종위기종)/*Abeliophyllum distichum*

전 세계 단 1속 1종인 외로운 가계의 나무로 우리나라에만 자생하는 고유종입니다. 현재 국내에 남아있는 자생지 대부분이 천연기념물로 지정돼 보호받고 있습니다. 미호강 수계에는 충청북도 진천군 초평면 관내에 우리나라에서 처음으로 발견된 미선나무 자생지가 천연기념물 14호로 지정돼 있었으나 주민들의 무분별한 채취로 완전히 사라져 천연기념물에서도 제외되었습니다. 현재 이곳 자생지에서 자라고 있는 개체들은 최근에 이식한 것들입니다.

■ 산작약(멸종위기종)/*Paeonia obovata*

작약과의 여러해살이풀로 산지의 반 그늘진 곳에 자생합니다. 희귀한 데다 꽃이 아름다워 자생지가 알려지면 쉽게 훼손당하는 경우가 많습니다. 약용과 관상용으로 무분별한 채취가 이뤄지면서 멸종위기에 놓이게 되었습니다. 미호강 수계에서는 일부 산지에서 관찰되나 개체수가 극히 적어 곧 사라질 위기에 있습니다.

■ 개정향풀(멸종위기종)/*Trachomitum lancifolium*

개정향풀속의 여러해살이풀로 원뿔모양꽃차례의 자주색 꽃을 피웁니다. 한때는 멸종된 것으로 학계에 보고됐으나 2005년에 경기만 해안에서 다시 발견돼 화제가 되었습니다. 미호강 수계에서는 최근 청주시 청원구 오창읍 관내에서 소수개체가 관찰됐으나 이곳에 본래부터 자생하고 있었는지의 여부는 확인할 수 없습니다.

■ 깽깽이풀(위기종)/*Jeffersonia dubia*

제주도를 제외한 전국의 산 중턱의 숲속 아래에 드물게 자생하는 여러해살이풀입니다. 꽃은 4월에 보라색 또는 흰색으로 피우는데 관상가치가 높아 자생지 대부분이 훼손된 경우가 많습니다. 미호강 수계에서는 충청북도 진천군과 증평군 관내의 산지에서 매우 적은 개체가 관찰됩니다.

■ 가시연꽃(취약종)/*Euryale ferox*

커다란 잎의 양면 잎맥 위에 날카로운 가시가 돋기에 가시연 혹은 가시연꽃이라는 이름을 얻었습니다. 연이라는 명칭과는 달리 씨앗으로 번식해 흔히 연근으로 알려진 뿌리줄기가 없습니다. 미호강 수계에서는 진천군 관내의 작은 늪지에서 발견됩니다.

■ 삼지구엽초(취약종)/*Epimedium koreanum*

오래 전부터 약용과 관상용으로 인기가 높아 자생지마다 홍역을 치러 지금은 보기 드문 식물이 되었습니다. 미호강 수계에서는 충청북도 진천군과 증평군 관내의 산지에서 매우 적은 개체가 관찰됩니다.

■ 천마(취약종)/*Gastrodia elata*

이름을 보면 마과의 식물로 오인하기 쉬우나 난초과의 여러해살이 풀입니다. 천마라는 이름은 근경(뿌리줄기)이 마를 닮아 붙여졌습니다. 미호강 수계에서는 충청북도 음성군, 진천군, 증평군 관내의 산지에서 관찰됩니다.

■ 흑삼릉(취약종)/*Sparganium erectum*

하천 습지에 나는 여러해살이풀입니다. 근경을 흑삼릉(黑三稜)이라 부르는 데서 명칭이 유래하였습니다. 미호강 수계에서는 지류인 무심천 중상류에 분포하나 하천 준설작업으로 인한 서식지 파괴로 개체수가 급속히 줄어들고 있습니다.

■ 통발(취약종)/*Utricularia vulgaris var. japonica*

여러해살이 벌레잡이식물입니다. 하천의 습지에 분포하는데 미호강 수계에서는 청주시, 증평군, 진천군 관내의 하천변에서 관찰됩니다. 난초꽃을 닮은 노란 꽃을 피우는 게 특징입니다. 하천 바닥 준설과 습지 개발로 인한 자생지 파괴로 갈수록 개체수가 줄고 있습니다.

▪ 쥐방울덩굴(약관심종)/*Aristolochia contorta*

덩굴성 여러해살이풀로 미호강 본류와 각 지류의 제방에서 주로 관찰됩니다. 7월~8월에 독특하게 생긴 꽃을 피우고 열매는 10월에 맺습니다. 우리나라와 일본, 중국이 원산지입니다.

▪ 히어리(약관심종)/*Corylopsis gotoana var. coreana*

일제강점기인 1924년 지리산, 조계산, 백운산 일대에서 처음 찾아내 학명에 'coreana'가 붙은 특산식물입니다. 히어리란 이름도 발견 당시 해당 지역 사람들이 부르던 이름을 그대로 국명으로 삼게 되었다고 전합니다. 미호강 수계에서는 진천군 관내에서 관찰되는데 외지로부터 옮겨 심은 것으로 추정됩니다.

▪ 고란초(약관심종)/*Crypsinus hastatus*

늘 푸른 여러해살이풀로 충남 부여의 금강 옆에 자리한 고란사 경내에서 발견돼 고란초라는 이름이 붙여졌습니다. 미호강 수계에서는 지류인 청주 무심천 상류의 한 절벽에 비교적 많은 개체가 군락을 이루고 있어 보호가 시급합니다.

■ 가침박달(약관심종)/*Exochorda serratifolia*

우리나라 중부 이북에서 자라는 흔치 않은 나무입니다. 미호강 수계에서는 유일하게 청주시 관내의 것대산 산자락에 있는 한 사찰 주변에 자생합니다. 5월에 흰색의 꽃을 피우는데 꽃과 열매가 매우 인상적입니다.

■ 사철란(약관심종)/*Goodyera schlechtendaliana*

늘 푸른 여러해살이풀로 주로 숲속의 반그늘에서 자랍니다. 식물 높이는 10~20cm 정도로 비교적 작은 편입니다. 미호강 수계에서는 청주시, 진천군, 증평군 관내의 소나무 숲에서 소수 개체가 군락 형태로 관찰됩니다.

■ 새박(약관심종)/*Melothria japonica*

하천변의 풀밭에서 자라는 덩굴성 한해살이풀입니다. 새박이란 이름은 새알처럼 생긴 아주 작은 박이라는 의미입니다. 미호강 수계에서는 청주시 관내의 무심천변과 미호강변에서 관찰됩니다.

■ 구상난풀(약관심종)/*Monotropa hypopithys*

난풀이란 이름은 난초와 비슷하나 난초는 아니고, 그렇다고 완전한 풀도 아니어서 붙여진 애매모호한 이름입니다. 실물을 보아도 보면 볼수록 묘하게 생긴 식물이란 느낌을 받습니다. 미호강 수계에서는 진천군 관내의 산지에서 소수 개체가 관찰됩니다.

■ 물질경이(약관심종)/*Ottelia alismoides*

한해살이풀로 주로 하천변의 습지나 정체된 수역에서 자랍니다. 이 파리가 길가에 많이 나는 질경이를 닮았으나 물에 잠겨 자라는 특징이 있습니다. 미호강에서는 청주 무심천 상류와 진천군 관내에서 소수 개체가 관찰됩니다.

주목 받는 미호강의 특이생물 (1종)

■ 이끼도롱뇽 /*Karsenia koreana*

아시아 대륙에서 유일하게 남한에만 서식하는 종입니다. 미주도롱뇽은 원래 북아메리카나 유럽의 일부 지역에 살고 있는 것으로 알려져 있었으나 2001년 대전의 장태산에서 발견됨으로써 아시아 지역에서도 서식하고 있음이 처음으로 밝혀졌습니다. 이 종은 특히 대륙이동설과 생물 이동을 밝힐 수 있는 중요한 동물로서 가치를 높게 평가받고 있습니다. 이끼도롱뇽은 허파가 없어 피부호흡을 하는 것이 가장 큰 종 특성입니다.

주목 받는 조류 번식 및 월동지 (총 2건)

■ 청주 송절동 백로 서식지

충청북도 청주시 흥덕구 송절동 백로 번식지에는 해마다 수백 마리의 백로류가 찾아와 번식하고 있습니다. 특히 이 번식지는 미호강 수계에서 가장 규모가 큰 백로 번식지여서 보호책 마련이 시급하다는 여론이 일고 있습니다.

■ 미호강 황오리 월동지

미호강은 해마다 국내에서 월동하는 황오리의 절반 이상이 찾아와 겨울을 보낼 만큼 중요성이 높습니다. 2022년 2월의 경우 하루 최대 1천2백 마리가 관찰된 바 있습니다.

작지만 세계적인 강

미호강의 생명 이야기

1판 1쇄 발행 2022년 12월 5일

지은이 김성식
책임편집 박찬규
디자인 페이지트리
펴낸이 박찬규
펴낸곳 구름서재
등록 제396-2009-000058호
주소 서울시 마포구 서교동 375-24 그린홈 403호
전화 02-3141-9120 / **팩스** 02-6918-6684
이메일 fabrice@naver.com
블로그 http://blog.naver.com/fabrice
ISBN 979-11-89213-34-3 (03470)